面向电网基层的数据资源共享与应用实践

钟晖 黄建平 袁翔 编著

电子工业出版社
Publishing House of Electronics Industry
北京·BEIJING

内 容 简 介

本书深入剖析了电力大数据发展现状和基层电力大数据应用现状，在已有数据管理、数据运营理论研究的基础上，创新性地提出了面向基层用数的数据资源共享机制与实用策略，运用"服务体系构建—实施路径确定—运营效果评估"的基层数据资源共享与应用实践方法，构建了涵盖数据运营、数据资源管理、数据应用服务和数据运营支撑四个维度的基层数据运营服务体系；确立了涵盖组织制度、数据治理、数据服务、数据共享、用数环境五项内容的基层数据共享与应用机制实施路径；并基于数据管理能力成熟度评估模型，搭建了数据运营效果评估机制，实现基层数据运营服务闭环。同时，通过电力大数据的基层数据共享与应用案例介绍，验证了基层数据资源共享与应用实践方法的有效性；通过实际案例论证了"数据服务提升业务质效"。

本书为面向基层用数的数据资源共享与应用机制研究提供一种可行性操作方案，是促进数据赋能基层，推动基层数字化转型的重要参考资料，可供相关读者阅读参考。

未经许可，不得以任何方式复制或抄袭本书之部分或全部内容。
版权所有，侵权必究。

图书在版编目（CIP）数据

面向电网基层的数据资源共享与应用实践 / 钟晖，黄建平，袁翔编著. -- 北京 : 电子工业出版社，2025.8. -- ISBN 978-7-121-50703-8

Ⅰ．TM7

中国国家版本馆 CIP 数据核字第 2025YX0169 号

责任编辑：陈韦凯　　文字编辑：许　静
印　　刷：天津千鹤文化传播有限公司
装　　订：天津千鹤文化传播有限公司
出版发行：电子工业出版社
　　　　　北京市海淀区万寿路 173 信箱　　　邮编：100036
开　本：720×1000　1/16　　印张：13　　字数：213 千字
版　次：2025 年 8 月第 1 版
印　次：2025 年 8 月第 1 次印刷
定　价：89.00 元

凡所购买电子工业出版社图书有缺损问题，请向购买书店调换。若书店售缺，请与本社发行部联系，联系及邮购电话：(010) 88254888，88258888。

质量投诉请发邮件至 zlts@phei.com.cn，盗版侵权举报请发邮件到 dbqq@phei.com.cn。
本书咨询联系方式：chenwk@phei.com.cn，(010) 88254441。

编委会

主　任：钟　晖

副主任：黄建平　袁　翔　张利军　卞　荣
　　　　高美金　王仲锋　姜小建

委　员：俞楚天　孙俊杰　庄峥宇　李　圆
　　　　叶少杰　王　莹　吴雪芬

供稿单位：浙江省新型重点专业智库国网浙江省电力有限
　　　　　公司经济技术研究院

目录 | Contents

第 1 章　绪论 / 001

 1.1　电力大数据概述 / 002

  1.1.1　电力大数据的定义 / 003

  1.1.2　电力大数据的来源 / 003

  1.1.3　电力大数据的特征 / 004

  1.1.4　电力大数据的分类 / 006

 1.2　电力大数据发展现状 / 007

  1.2.1　发展历程 / 007

  1.2.2　基础设施建设 / 009

  1.2.3　重要性分析 / 010

  1.2.4　应用场景 / 011

 1.3　基层电力大数据应用现状 / 012

 1.4　电力数据运营定义 / 013

 1.5　数据运营体系的实施方法 / 015

第 2 章　理论基础 / 017

 2.1　CPC 与 AARRR 模型 / 018

 2.2　信息化成熟度模型 / 019

 2.3　数据管理成熟度模型 / 025

 2.4　数据治理成熟度模型 / 029

2.5　PDCA 循环 / 034

第 3 章　数据管理与价值应用体系构建 / 038

3.1　数据运营体系构建 / 039

　　3.1.1　数据管理机制 / 040

　　3.1.2　数据开放共享 / 041

　　3.1.3　数据质量管理 / 042

　　3.1.4　数据应用服务 / 043

　　3.1.5　数据安全运营 / 044

3.2　数据资源管理体系构建 / 045

　　3.2.1　数据管理准则构建 / 045

　　3.2.2　数据规范及标准制定 / 047

　　3.2.3　数据共享管理模式构建 / 049

　　3.2.4　数据质量管理体系构建 / 050

　　3.2.5　数据评估体系构建 / 051

　　3.2.6　数据安全制度构建 / 052

3.3　数据资源应用服务模式构建 / 053

　　3.3.1　提升数据共享能力 / 053

　　3.3.2　提高存量数据质量 / 054

　　3.3.3　强化数据安全管理 / 055

　　3.3.4　创新数据应用服务 / 058

3.4　数据运营支撑体系构建 / 059

　　3.4.1　基础运营工作体系构建 / 059

　　3.4.2　服务产品运营体系构建 / 063

　　3.4.3　在线数据质量闭环管控 / 063

3.4.4　数据治理规范体系构建 / 065

　　　3.4.5　基层数据应用生态打造 / 067

第 4 章　数据共享与应用机制实施路径 / 071

　4.1　公司数据管理组织制度 / 072

　　　4.1.1　数据运营组织 / 072

　　　4.1.2　组织工作流程 / 075

　　　4.1.3　共享安全管理 / 076

　4.2　数据治理体系建设 / 077

　　　4.2.1　数据标准化管理 / 078

　　　4.2.2　数据质量管理 / 080

　　　4.2.3　数据一致性维护 / 084

　　　4.2.4　数据模型管理 / 091

　　　4.2.5　数据安全保护 / 094

　4.3　数据运营服务体系建设 / 103

　　　4.3.1　数据需求响应 / 103

　　　4.3.2　数据融合管理 / 105

　　　4.3.3　数据运维监控 / 108

　　　4.3.4　运营创新案例 / 111

　4.4　数据共享流通机制建设 / 115

　　　4.4.1　数据共享标准化建设 / 116

　　　4.4.2　数据共享模式创新 / 118

　　　4.4.3　数据流通的安全与可信 / 120

　　　4.4.4　数据回流共享能力提升 / 122

　4.5　基层用数环境体系建设 / 127

第 5 章　数据共享与应用机制评估 / 132

第 6 章　电力数据共享与应用案例 / 139

 6.1 基于实效评价体系的超容预警整治大数据分析应用 / 140

  6.1.1 问题的提出与分析 / 140

  6.1.2 数据概况 / 140

  6.1.3 研究方案 / 141

  6.1.4 应用成效 / 150

 6.2 基于企业错避峰潜力评价的负荷管理大数据分析应用 / 151

  6.2.1 问题的提出与分析 / 151

  6.2.2 数据概况 / 152

  6.2.3 研究方案 / 152

  6.2.4 应用成效 / 163

 6.3 基于智能化管理实现乡村充电站 EV 充电与能源保供并行 / 164

  6.3.1 问题的提出与分析 / 164

  6.3.2 数据概况 / 165

  6.3.3 研究方案 / 169

  6.3.4 应用成效 / 188

 6.4 基于 K-Means 聚类算法的台区指纹健康评估 / 189

  6.4.1 问题的提出与分析 / 189

  6.4.2 研究方案 / 190

  6.4.3 应用成效 / 193

参考文献 / 194

第1章 | Chapter 1

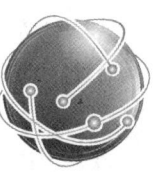

绪论

当前形势下，数字化改革已成为不可逆转的趋势，数据和数字技术正成为这一变革的核心。在能源电力领域，数字化改革不仅是经济和社会进步的关键支柱，还承担着"推动清洁能源和低碳发展、助力实现'双碳'目标"的战略职责。电网作为连接发电与用电的关键枢纽，是能源绿色低碳转型过程中不可或缺的平台。构建一个现代化的电力系统需要将数字技术与传统电网深度融合。提高电网的数字化水平不仅是数字经济发展的趋势，还能挖掘电力大数据的潜在价值，推动数字技术在电网运营的各个环节和领域的广泛应用，同时对电网流程的重构、业务的重塑和管理的优化，以及电网的运作模式改进具有深远的影响。

1.1 电力大数据概述

我国正处在数字化和信息化快速发展的阶段，信息量激增。人类在享受信息化带来的便捷的同时，也面临着全球信息化资源快速扩张的问题。随着社会各领域数字化进程的启动，我国也进入大数据时代。2011 年，工业和信息化部（以下简称工信部）将信息处理技术列为四大关键技术创新工程之一，这为大数据产业的发展奠定了政策基础。2014 年，"大数据"首次被写入政府工作报告，成为国家战略。随后，国家大数据综合试验区逐步建立，相关政策和标准体系不断完善。到 2020 年，我国的大数据解决方案已经发展成熟，信息社会的智能化程度显著提升。2022 年，数据分析、ChatGPT 等技术的发展进一步拓宽了大数据的应用前景。同年，我国大数据产量达到 8.1ZB，产业规模增至 1.57 万亿元。

经过近十年的发展，2021 年大数据产业进入了集成创新、深度应用的新阶段。大数据在医疗、工业、交通等领域的技术融合和应用创新不断加速，重点从虚拟经济转向实体经济；在信息安全、模式识别、语言工程、计算机辅助设计、高性能计算等领域取得突破，强化了大数据技术的优势。

随着数字经济时代的来临，各行各业都在走数字化转型的道路。电力大数据作为中国经济社会发展的"晴雨表"，与经济发展有着紧密且广泛的联系，对我国经济社会的发展具有重要推动作用。

电力是关键能源，使用量大。目前，电力系统已产生 PB 级的电力大数据。这些数据不仅对供电公司的运营至关重要，也在人口普查、人员流动监控、特殊群体监控、治安管理监督等方面发挥着巨大价值。尽管电力大数据的价值很高，但由于其规模庞大、信息复杂，利用起来颇具挑战。因此，如何挖掘电力大数据中有价值的信息成为当下研究热点。2013 年 3 月，中国电机工程学会电力信息化专委会发布《中国电力大数据发展白皮书（2013）》；2013 年为"中国大数据元年"，掀起了电力大数据研究的热潮。

电力大数据与传统电力数据不同，其特点包括数据量大、数据类型多样、获取难度大、处理效率要求高等，这些都对相关技术的发展和应用提出了挑战。电力大数据也为各领域的应用带来前所未有的机遇，尤其在人工智能、大数据分析等领域，电力大数据正在向更高层次、更深层次的智能化、精细化应用发展。

1.1.1 电力大数据的定义

电力大数据是指在电力系统的各个环节，包括发电、输电、变电、配电、用电和调度等过程中，通过传感器、智能设备、视频监控设备、音频通信设备、移动终端及其他各种数据采集渠道，收集到的海量结构化、半结构化、非结构化的业务数据。电力大数据是供电公司的新型资产。电力大数据具有数据量大、数据类型多样、数据产生速度快的特点，并且包含有价值的信息，可以用于优化电力系统的运行管理，提高电力供应的效率和质量，以及促进电力行业的创新与发展。

1.1.2 电力大数据的来源

电力大数据的来源广泛，涵盖了物理电网的各个环节，包括发电、输电、变电、配电和调度等。这些数据主要来源于各种传感器和计量设备，用于监测电力系统的运行状态和性能参数。

发电系统：发电设备，如发电机、锅炉和燃气轮机等通过传感器和计量设备监测发电过程中的温度、压力和电量等参数数据。这些数据被传输到电力系统的数据中心进行存储和分析。

输变电系统：输变电系统中的设备，如变压器和开关设备等通过传感器监测发电过程中的温度、电流和电压等参数数据。这些数据同样被传输到数据中心进行处理和分析。

配电系统：配电系统中的设备，如变电所和配电房等通过传感器监测用电过程中的数据，包括电流、电压和负载等参数数据。这些数据也被传输到数据中心进行存储、处理和分析。

用户用电数据：用户用电数据是电力大数据的另一个重要来源。电力企业通过智能电表和智能电能管理系统等设备，采集用户的用电数据，包括用电负荷、用电量、用电时间和用电习惯等。这些数据用于支持电力企业在电网规划、调度、运营和维护等方面的决策。

市场相关数据：市场相关数据包括电力市场价格、煤炭价格、油价等相关能源市场信息。这些数据可以帮助电力企业了解市场需求和市场价格等信息，解决电力生产、调度和交易等问题。

本书主要关注电网侧的数据应用，包括设备资产、客户服务和电力能量流三类数据。通过对这些数据的采集、处理和分析，电力企业可以掌握电力系统的运行情况，优化供电计划，提高供电的可靠性和质量。

1.1.3 电力大数据的特征

电力大数据具有 4 个显著特征，即数据量大，复杂度高，价值高和时效性强。

1．数据量大

电力行业的大数据具备显著的大数据特征，尤其是其庞大的数据规模。电力是支撑全球经济和社会活动的基础设施，因此与之相关的电力大数据覆盖了从生产到管理，再到客户服务的整个业务流程。电力大数据的收集不仅包括实时的数据流，也涵盖非实时的信息，其时间分辨率可以从年度到毫秒级别，展现出其广泛性、多源性、复杂性等特点。随着高级配电自动化技术在配电系统中的普遍使用，电力企业的数据存储需求进入高速增长的阶段。同时，随着信息技术的迅速发展和智能电网的形成，电力大数据的规模增长速度逐渐超出行业预期。这种具有多样化特点的数据量的激增对电力企业构成了双重影响——既是挑战也是机遇。电力企业如何有效地处理和分析这些数据，为业务运营提供更加精准和有价值的信息，是电力行业数字化转型过程中的一个核心议题。

2．复杂度高

电力大数据的另一个关键特征是其数据的复杂度高。在电力系统的传统模式中，数据主要来源于电表的计量和计费数据、电流和电压等电力参数，以及设备状态的监测数据。第一，随着智能电网的到来，传感器技术、信息技术和多媒体技术的进步，以及电力信息化管理系统的广泛应用，非结构化数据在电力数据中的比重逐渐增加，如图像和视频，使数据的来源变得更加复杂和多样化。第二，电力大数据的维度非常高，涉及时间、空间、属性等多个方面，增加电力大数据的复杂性的同时对数据的关联整合和维度管理也提出了更高的要求。第三，随着各行各业数字化转型的推进，电力大数据的应用越来越强调与外部数据的关联，如政府经济数据、社会管理数据、环境保护数据和气象数据等，这些因素进一步增加了数据的复杂性。复杂多样的数据为电力大数据提供了更广泛的应用场景，但也大幅提升了数据分析的难度，这就要求具备更完善的数据模型和更先进的算法技术，以便对电力系统进行高效的管理和维护。

3．价值高

电力大数据蕴含着丰富的洞察信息，深入研究和挖掘这些信息，为电力供应和经济发展提供动力，促进社会发展，是电力大数据价值探索的核心目标。例如，分析电力大数据可以帮助预见可能的设备及电网故障，增强电网的安全性与可靠性；可以对电力需求趋势进行分析，以便有效地调度电力资源，提升电力系统的运营效率，并减少运行成本；可以利用大数据预测市场需求，为电力销售策略的制定提供关键信息，增强电力公司的经营盈利能力和市场竞争能力；还可以通过分析设备的历史数据来实现更精准的故障预警，优化维护计划，提高运维团队的工作效率，提升电力服务质量，推动电力企业生态环境的构建。

4．时效性强

电力大数据的处理需要高度的时效性和实时性，以确保电力系统的稳定运行。例如，利用物联网和传感器技术对电力系统的设备和环节进行实时监控和数据采集，再将这些数据实时发送到云端。通过云计算和大数据分析技术，可以对数据进行实时分析和挖掘，从而提升数据处理的高效性和准确性。同时，随着人工智能和机器学习技术的应用，电力企业可以构建预测和优化模型，以实现电力系统的智能化管理和调度优化。这些技术手段能显著提升电力大数据的处理效率和质量，助力电力企业实现电力系统的实时监控和管理。

1.1.4　电力大数据的分类

电力大数据具有不同的分类，如数据来源、数据类型和数据的时效性等。不同的分类，需要应用不同的技术手段来进行数据的处理、储存、分析和展示。同时，在各种应用场景中，根据需要会采用不同的方法对数据进行维度划分。

1．按照数据来源分类

电力设备数据涉及各类发电设施、变压器、开关设备、输电线路、配电设备及电度表等的数据，还包含电池、不间断电源、空调等设备的数据。能源数据主要包括发电量、用电量、负荷率和功率等。负荷数据则包括用电负荷、峰谷电价和负荷预测等。天气数据涵盖气象条件和预测信息，如温度、湿度、风速和降雨量等。用户数据涉及用户的用电习惯、消费模式和用户类别等。

2. 按照数据类型分类

结构化数据拥有预定义的格式和字段，可以进行关系型查询。例如，电力系统中的负荷数据、能源数据和电价数据等。半结构化数据具有一定的标签或标记，可以揭示数据间的关联。虽然其数据库结构不明确，但依然可用于查询和组织，如 XML、CSV 文件等。非结构化数据则没有固定的格式，通常包括各类文档、图片、视频等，其在大数据分析中需要特别的工具和技术来挖掘和分析。

电力大数据领域中还有其他几个重要的概念，主要包括以下方面。

（1）数据处理方式：在线处理数据主要针对实时性要求高的场景，如电力负荷预测；而离线处理数据则适用于对历史数据的深入分析，如电力市场研究。

（2）应用场景：涉及能源管理、电力市场交易、电力设备健康监测、配电网建设优化，以及智能家居等多个方面。

（3）处理技术：包括数据采集、存储、处理、查询等方面，常用技术有传感器、数据库、Hadoop 等。

（4）挖掘技术：数据分析、数据挖掘、机器学习和人工智能等技术在大数据分析中的应用。

1.2　电力大数据发展现状

1.2.1　发展历程

电力是世界第二大经济体的基础能源，其中中国电力的发展速度令人瞩目。伴随着下一代智能化电力系统的建设，中国电力工业正在逐步建立起庞大的数据平台。电力大数据在电力工业的生产和管理中起着至关重要的作用，它是实现绿色可持续发展、应对资源限制和环境压力等问题的关键。

　　2013年被视为中国大数据元年，中国电机工程学会电力信息化专业委员会发布了《中国电力大数据发展白皮书》，这是我国首个行业大数据白皮书。该白皮书对电力大数据进行了系统的梳理和分析，提出电力大数据的定义和特点，指出重塑电力核心价值和转变电力发展方式是中国电力大数据的两大核心任务，并呼吁电力企业制订符合自身发展策略的大数据应用方案。2015年，国家电网有限公司发布《国家电网公司大数据应用指导意见》，明确到2020年全面完成公司两级统一移动应用支撑平台建设的目标，实现移动互联技术在各个业务领域的应用，构建移动互联网的标准规范和信息安全保障体系。2016年，国家电网有限公司发布《国家电网公司"十三五"科技战略研究报告》，指出在"十二五"期间，电力大数据技术取得了良好的发展，但在大规模集群计算架构、混合计算体系等方面与国际领先水平仍存在差距。2019年，国家电网有限公司成立大数据中心，这是国家电网数据管理的专业机构和数据共享平台，旨在提高资产利用效率和全要素生产率，推进能源大数据生态体系的构建。

　　在"2023全国大数据标准化工作会议暨全国信标委大数据标准工作组第九次全会"上，中国南方电网有限责任公司（以下简称"南方电网公司"）发布了《南方电网公司电力数据应用实践白皮书》。该白皮书概述了电力数据应用的主要特点和价值，并回顾了电力数据应用的发展历程。南方电网公司以电力数据应用的价值链为基础，提出了一套独具特色的电力数据应用体系，该体系包括"统一的底层架构、多维度赋能、闭环管理、分区域应用和全面服务"五个关键组成部分。这一体系旨在加强南方电网公司在"数字电网、数字服务、数字运营和数字产业"四个方面的业务能力。该白皮书还展示了一些电力数据应用的实际案例，如"数字供电所运营监控系统""输电设备缺陷智能识别系统"和"城市碳排放在线监测平台"等。该白皮书通过展示南方电网公司的数字化转型路径，为能源电力行业的数据应用提供了策略指导，并为社会各界的数据开发和价值创造提供了有益的参考，为构建数字中国和推动数字经济的发展贡献了"南网智慧"。

1.2.2 基础设施建设

电力大数据的基础设施建设包括在电力产业链的各个环节部署云计算平台、大数据中心、物联网平台、移动互联网、人工智能中枢和区块链系统等数字化基础架构。这些基础设施将电力与数据在物理和信息层面上连接起来，为电力和数据网络的整合提供了硬件支持。在当前能源电力行业构建新型电力系统的背景下，以 5G、大数据、云计算、物联网、人工智能、区块链和工业互联网等为代表的"数字新基建"被认为是国家基础设施建设的关键领域。

"数字新基建"能够加速新型电力系统的建设，并助力实现"双碳"目标，具体体现在以下 5 个方面。

（1）"数字新基建"有助于新能源的大规模开发和利用，推动电力系统的动力变革，加快清洁能源和低碳能源的生产。物联网和人工智能等技术可以提高新能源并网的兼容性和可再生能源的消纳能力。同时，"新能源云"等工业互联网平台有助于科学规划和高效开发新能源。

（2）"数字新基建"提升了电力系统的效率和效能，促进了业务协同和高效协作，推动了能源的高效利用和集约化；打破了不同能源行业之间的壁垒，实现了不同能源电力企业的互联互通。

（3）"数字新基建"减少了信息的不对称性，提高了市场的透明度，增加了各方互信，并降低了投资、运维和交易等成本。大数据和人工智能可以提高电网投资的准确性和有效性，而区块链技术可以构建一个去中心化的信任系统，打破信息孤岛，实现数据共享。

（4）"数字新基建"重塑了电力系统的价值创造体系，支持能源电力企业创新商业模式，催生了新的市场主体和业态。它改变了能源生产者和消费者的身份和地位，使能源"产消者"从虚拟走向现实，并支撑能源电力企业加速数据资产化进程。

（5）"数字新基建"提高了电力市场的安全性。基于电力大数据，能源监管机构可以对市场主体进行信用评价分析，防范信用风险。人工智能和区块链技术分别用于检测网络攻击和存储设备信息，确保电力系统的安全运行。

2020年以来，能源电力企业加大了对"数字新基建"的投入，加快了"数字新基建"项目的推进，为新型电力系统的建设和能源的高质量发展奠定了基础。2022年，国家电网有限公司发布了"数字新基建"的十大重点建设任务，并与华为、阿里巴巴、腾讯、百度等合作伙伴签署了战略合作协议，推动数字技术与传统电网产业的深度融合，促进产业数字化和数字产业化的发展，以数字化转型推动经济社会的高质量发展。

1.2.3 重要性分析

随着新能源领域数字化进程的加速，能源电力系统内外环境的变化使电力系统中的数据变得尤为重要，构建数据运营体系的需求变得十分迫切。

为了满足新型电力系统的绿色能源需求，许多企业和机构已经在推动使用绿色能源化方面进行了大量尝试。例如，2022年北京冬奥会的场馆通过与新能源发电站签订绿色电力合同，实现了完全使用绿电的目标。此外，数据中心等大型能耗单位也开始重视电力的绿色属性，腾讯、阿里巴巴、华为等科技公司都在积极采购绿色电力。

为了实现新型电力系统的精细化和智能化管理，企业不仅需要在规划阶段满足电力容量需求，还需要通过管理升级来优化能源使用行为，甚至主动向电网提供服务，以降低成本和提高效率。

为了应对新型电力系统的多元化商业模式需求，企业需要更复杂的市场机制和商业模式，以便从传统的运营模式转型到新型电力系统模式。这需要企业采取"绿色+数字化"的策略，真正实现绿色"智变"引起"质变"。

当前，新型电力系统下的数据资源共享和使用面临一些挑战，具体如下。

（1）在实践层面，电网企业在数字化方面起步较早，IT系统复杂，统一难度大。过去在信息化建设中的投资主要集中在后端基础设施，对用户数据、用能数据的分析，以及多场景服务的能力较弱。

（2）在认知层面，传统电网企业缺乏整体规划，对数字化转型的认识不足，对数据价值认识不够，缺乏动力。它们往往没有从企业发展战略的高度进行顶层设计，对数字化转型的理解局限于生产管理系统，对企业文化的塑造不够重视。

（3）在效能层面，电网的全面管理需求和发电厂数据的链条式管理尚未实现，存在"信息孤岛"问题，导致生产安全问题无法及时得到反馈和解决。多年来的信息化建设产生了大量的生产和经营数据，由于没有形成统一的管理平台，各厂商和平台的数据无法实现共享，管理的效率难以提升。

与新型电力系统下数据资源共享和使用面临的挑战相对应，电网数字化转型的问题可以归结为有关物理形态、数字形态和价值形态的探讨和研究，以及如何在数字化引领和数字孪生过程中有效地应对这些挑战等。

1.2.4 应用场景

在电力企业的众多业务领域中，大数据技术发挥着关键作用。电力大数据的应用场景主要体现在以下 7 个方面。

（1）规划设计：增强负荷预测精准性。通过对用电数据的深入分析及数据挖掘技术的应用，更精确地掌握电力负荷的分布与变化，从而提升中期和长期电力负荷预测的准确性。

（2）工程建设：加强现场安全管理。采用分布式存储、并行计算和模式识别技术，对施工现场照片进行批量比较分析，及时发现安全隐患并查验安全整改措施的执行情况。

（3）电力运行：优化新能源调度与管理。应用机器学习和模式识别等多维分析预测技术，探究新能源发电量与环境因素（如风速、光照、温度等）的关联，更准确地预测和管理新能源的发电效率。

（4）设备检修：提高设备状态检修效率。分析消缺、检修等设备状况及外部环境等因素对设备状态的影响，评估设备运行风险，借助并行处理技术优化设备状态检修策略，精细化指导设备状态检修工作。

（5）电力营销：深入分析用电行为。扩大电量采集范围和频率，运用聚类模型等数据挖掘技术，对电力使用行为特征进行详细分析，并据此实施差异化的用户管理策略。

（6）运营监控：增强业务关联性分析。采用流式计算、可视化和并行处理技术实现全面的在线监测、分析和计算。通过聚类和模式识别技术，解决跨业务关联分析、数据因子分析、数据诊断规则和算法问题，提升数据质量监控和治理能力。

（7）客户服务：提升服务响应速度。利用模式识别和机器学习技术对客户服务录音进行实时监管，优化分配处理热点问题的服务资源，提高客户交互体验的满意度。

1.3 基层电力大数据应用现状

基层供电企业在服务用户方面扮演着至关重要的角色，负责处理大量数据，涵盖安全生产、营销服务、企业经营及增值服务等多个方面。这些企业已经建立了一系列信息化管理系统，如物业管理系统（PMS）、营销系统、财务系统等，实现了业务的全面覆盖，并建立了包括资产全生命周期管理和客户服务在内的企业管理体系。

在电力大数据的应用方面，许多地县供电公司已经进行了多种尝试和创新。

（1）扩展电力大数据技术的应用范围：在能源互联网的背景下，电力大数据将被整合到更广泛的能源大数据中。这涉及能源的产生、分配、转换和消费等全生命周期，利用大数据技术发挥能源产业的数据资源优势，构建一个具有"平台"特征的、完整的能源生态系统。这样的系统能够提升能源在各环节的市场竞争力，推动能源产业革命和电网企业转型。

（2）创新电力大数据的商业模式：电网企业不仅需要挖掘和利用内部数据，还需要进行内部数据与外部数据、数据与数据之间的交叉和关联分析。

这种分析可以延伸到不同产业之间的关联，从而扩展能源产业的价值链，孕育新的商业模式。该商业模式除了支持传统的管理决策外，还可以通过平台、产品和服务等方式，提升数据的经济价值和社会价值。

（3）社会变革与经济转型的驱动力：人类历史上三次产业革命均伴随着能源问题，如今"能源革命"的新时代已经到来。大数据与"能源革命"的结合，将引发深刻的社会变革和经济转型。能源大数据将成为社会和经济发展的"风向标"，分析能源大数据，可以提升社会和经济发展的决策力，促进智慧城市、智能家居、电动汽车等产业的发展，引领人类社会走向根本性的变革。

1.4 电力数据运营定义

运营的核心任务是连接各个有需求且相互关联的参与方，它通过计划、组织、实施和控制等环节，用最低的成本、在规定的时间内、用最适宜的质量满足运营目标群体的需求。

数据化运营主要利用数据来增强业务运营的效率，"数据化"是一种工具和手段，"运营"则是核心目的。其中，应用数据用来支持运营活动，旨在更有效地实现运营目标。

数据运营则将数据视为其运营的核心对象，此时"运营"作为手段和方法，"数据"成为主要目的。通过有效的运营管理，数据及其需求方之间能够建立更好的连接。

表 1-1 将运营、数据化运营与数据运营进行了对比分析。

表 1-1 运营、数据化运营与数据运营对比分析

	运营	数据化运营	数据运营
本质	连接需求相关方的计划、组织、实施和控制	数据驱动的业务运营（业务数据化）	对数据的运营（数据业务化）
视角	从业务运营角度出发	从业务运营角度出发	从数据价值发挥角度出发
对象	业务本身	业务本身	数据资源及其衍生产品

续表

	运营	数据化运营	数据运营
手段	运营策略	数据分析	数据管理、数据服务、数据分析
目的	用最低的成本，在规定的时间，以最适宜的质量满足需求	提升业务价值（业务相关，直接目标）；提升运营效率（业务相关，直接目标）	构建数据资源运营保障体系，推进数据好用（数据相关，直接目标）；提供数据运营服务，发挥数据价值（业务相关，间接目标）
工作内容	用户运营、产品运营、活动运营、市场运营、渠道运营、服务运营等	用户运营、产品运营、活动运营、市场运营、渠道运营、服务运营等	数据管理、用户运营、产品运营、活动运营、渠道运营等
主体	业务运营人员	业务运营人员	数据运营人员、业务运营人员
递进关系	基础理论	手段提升：通过数据分析，提升运营手段	专项运营：运用运营的手段，开展"数据"专项运营

目前，尽管业界对数据运营的定义和描述各不相同，但可以发现它们都围绕着最大化数据资产效益这一核心目标展开。不同的组织和个人根据自身的业务需求，对数据运营的目标和内容的阐述如下。

中国企业数据治理联盟成员、国际数据管理协会（DAMA）会员李然辉认为，数据运营的目标是实现数据资产效益的最大化，其职能包括数据资产全生命周期成本核算、数据资产价值评估、数据资产变现和数据资产投资收益分析等。

德勤（Deloitte）公司的观点是，数据资产管理体系由数据治理、数据资产应用和数据资产运营三部分组成。数据治理确保企业数据的准确性和安全性，数据资产的应用使企业能够更便捷、智能地利用数据资源，数据资产运营支持企业实现数据价值的最大化。

国际商业机器（IBM）公司将数据运营定义为人员、流程和技术的协调统筹，以快速向数据消费者、运营、应用程序和人工智能交付可信的、业务就绪的数据。数据运营包括数据工程、数据集成、数据安全和隐私，以及数据质量四个方面。

数据管理能力成熟度评估模型（DCMM）认为，数据运营是通过管理数据资产的配置、使用和维护，从而改善企业内部响应效率，提升数据资产效益的重要手段。数据运营职能活动包括数据需求管理、数据服务管理、数据运维管理、数据共享开放、数据效益评估等。

综合以上观点，可以得出数据运营的一些共性特征：

（1）数据运营的本质是数据业务化，发挥数据的价值。

（2）数据运营的对象是企业拥有的内外部数据资源及其衍生产品。

（3）数据运营的手段是构建适合企业自身发展的运营体系与支撑工具。

（4）数据运营的目的是连接数据与数据需求方，输出数据服务，发挥数据价值。

（5）数据运营与数据管理相互融合，其中数据运营是企业数据管理发展到特定阶段后的产物，数据管理是数据运营的基础和支撑。

电网公司要实现长远的企业发展战略，有效管理和利用数据资源至关重要。电网数据运营旨在整合企业所拥有的内外部数据资源及其派生产品，运用数据思维模式，坚持数据的收集、整理、共享、开放、价值创造和协同工作等原则，以畅通数据提供方与需求方的沟通渠道。电网数据运营核心目标是利用数据驱动来实现决策制定的智能化、效率的提升和基层工作减负等企业级公共服务。该运营过程涵盖了数据资源的管理、数据共享、数据服务运营、数据量化评估，以及数据生态系统的建设等多个方面。电网数据运营致力于发挥数据资产的最大价值，并加速企业的数字化转型进程。

1.5 数据运营体系的实施方法

电力系统作为一个蕴含庞大数据量的复杂网络，其包含的数据价值正逐渐被学术界和工业界所重视。为了挖掘和提升这些数据的潜在价值，电力系统正积极探索新的基于数据的模型和方法，用于构建数字基础设施，以增大数据量和提升数据的价值。在新能源主导的新型电力系统中，数字化技术的积极应用将进一步提高资源配置的效率，提高风险管理水平，并解决由高比例新能源接入和电力电子设备的应用带来的"双高"技术挑战。

具体实施方法包括以下两方面：

（1）创建一个针对基层用户的数据资源共享机制，以促进数据的有效共享。该机制将围绕数据资源管理、共享、质量等方面进行运营，目的是实现内外部数据的无缝对接，提高数据质量，完善数据服务，为用户的数据价值挖掘提供强有力的支持。此外，通过建立完善的管理规范、统一的标准流程、专业的支持团队和一体化的在线运营服务平台，向数据运营、基层开发和业务人员提供包括数据质量管理、便捷获取、运营评价等在内的综合服务能力，打造一个健康的电网数据运营生态系统，从而推动数据价值的创造和实现。

（2）构建低代码数据产品实现框架，以便快速地将数据应用于实践。结合公司现有的数据资源管理、共享开放、数据质量审核等数据治理成果，遵循"统一入口、统一环境、统一权限"的原则，打造一个整合了数据查询工具、指标中心、报表中心、AI平台，以及所需的权限管理和数据运营服务平台的一体化数字应用环境。在该环境中，业务用户可以通过一个统一的入口享受从自助式数据处理到指标查询、报表构建、统计分析的一站式数据应用体验。

第2章 | Chapter 2

理论基础

2.1 CPC 与 AARRR 模型

CPC 模型（客户-产品-渠道）是一种广泛应用于现代企业运营的策略框架，核心在于通过不同的渠道将产品与潜在需求者相连接。在这个模型中，产品被视为运营的核心，用户则是产品的需求方，企业通过了解用户的偏好，通过最合适的渠道向他们推送产品。

CPC 模型依赖用户、产品和渠道的精确匹配。在用户使用产品或服务的整个过程中，他们通常需要通过各种渠道进行咨询和操作。这些渠道的选择往往与用户的生活轨迹和习惯密切相关。当用户需求与特定业务相匹配时，他们会选择最合适的渠道来完成交易。同时，渠道的效益在很大程度上取决于它是否与产品和用户需求相匹配。

以中国移动通信集团广东有限公司（简称"中国移动广东公司"）为例，其正是运用 CPC 模型来建立用户、产品和渠道之间的精确匹配关系的。中国移动广东公司利用大量的用户群体，收集用户的价值观、业务意向和渠道偏好等信息，对用户进行分类。在产品端，中国移动广东公司提供了语音、短信、数据流量和终端设备等多种产品，以满足不同用户群体的需求。在渠道端，除了传统的网站、WAP、人工服务外，还包括微博、微信等社交媒体平台，实现了根据用户偏好进行产品推广和营销。

AARRR 模型是另一种广泛应用于企业运营中的评价模型，它通过用户生命周期的关键指标来评估运营效率，包括用户获取（Acquisition）、激活（Activation）、留存（Retention）、变现（Revenue）和推荐（Referral）五个阶段。在这个模型中，分析用户流失的原因是调整运营策略的关键，包括产品问题、渠道问题和服务问题等。同时，对于那些已经留住的用户，需要更好地维护与他们的关系，因为这些高黏性和高价值的用户是促进整个业务良性循环的重要因素。

AARRR 模型在不同的阶段有不同的关键指标。例如，在用户获取阶段，主要关注新用户的数量、来源渠道的效果、获客成本等；在用户激活阶段，则主要看注册用户数、使用主功能的用户数等；在留存阶段，关注的是用户的参与度、登录频次和时长等；在变现阶段，主要看付费用户数、订单金额等；在推荐阶段，则关注用户的分享行为和分享带来的效果。

电网数据运营可以采用 AARRR 模型的理念，通过量化用户转化和流失的关键指标来评估运营效果，为维护数据与数据需求方的连接关系提供调整策略和指标支持，从而提升数据运营的能力和水平。

2.2 信息化成熟度模型

信息化成熟度是衡量一个组织在信息技术应用方面发展水平的指标。它反映了国家和企业信息化进程的阶段性和成熟度，是学术界和产业界长期关注的领域。自 20 世纪 60 年代起，信息系统的演化过程引起了公众广泛的兴趣。国内外研究显示，信息化的发展与社会科学领域的演化有相似之处，呈现出分阶段的特征。

在国外，由于信息技术起步较早，企业信息化评价体系的发展也比较早。在信息技术快速发展的推动下，国外形成了几个信息化成熟度模型。例如，Nolan 在 1974 年提出了一个模型，其最初是基于计算机应用规模和技术资源投入的 4 阶段模型，后来扩展到 6 阶段（包括初始期、普及期、控制期、整合期、数据管理期和成熟期）模型，以及一个循环的 4 阶段模型。William R. Synnott 强调信息资源与企业整体之间的关系，提出了一个 4 阶段模型，包括数据阶段、信息阶段、信息资源阶段和信息武器阶段。Mische 则提出了一个包括起步阶段、增长阶段、成熟阶段和更新阶段的模型，强调了知识、管理和信息技术在企业信息化中的综合运用。N. Hanna 提出了信息技术扩散模型，将信息系统发展分为替代阶段、提高阶段和转型阶段，每个阶段包含 4 个环节：信息环节、分析环节、获取环节和使用环节。Edgar Schein 提出了一个模型框架，描述了信息系统发展的不同阶段，从开始投资或计划阶段到学习并消化技术阶段，再到管理控制阶段，最后是技术广泛传播阶段。美国卡内基·梅隆大学软件工程研究所（SEI）的软件能力成熟度模型（SW-CMM）是一个 5

阶的软件能力进化框架，从初始级到优化级，用于规范化解决软件开发问题。Soumetra Dutta、Jean-Fransowa Mazoni 提出了信息-技术卓越度模型，将信息技术卓越度分为四个象限，并根据卓越度的高低提出了不同的战略。Luftman 基于 Nolan 模型和 SW-CMM 提出了业务-IT 联盟成熟度模型，该模型将信息系统阶段分为五个等级，从初始过程到优化过程，旨在解决信息技术与业务之间的协调问题。国外企业信息化成熟度模型汇总如表 2-1 所示。

表 2-1 国外企业信息化成熟度模型汇总

模型名称	提出者	信息系统阶段
Nolan 模型	Nolan	初始期、普及期、控制期、整合期、数据管理期、成熟期
Synnott 模型	William R. Synnott	数据阶段、信息阶段、信息资源阶段、信息武器阶段
Mische 模型	Mische	起步阶段、增长阶段、成熟阶段、更新阶段
信息技术扩散模型	N. Hanna	替代阶段、提高阶段、转型阶段
Edgar Schein 模型	Edgar Schein	开始投资或计划阶段、学习并消化技术阶段、管理控制阶段、技术广泛传播阶段
SW-CMM	卡内基·梅隆大学软件工程研究所（SEI）	初始级、可重复级、已定义级、已管理级、优化级
技术-信息卓越度模型	Soumetra Dutta、Jean-Fransowa Mazoni	技术推动型战略、服务推动型战略、价值推动型战略
业务-IT 联盟成熟度模型	Luftman	初始过程、已承诺过程、建立核心过程、改善管理过程、优化过程

中国信息技术起步较晚，但发展迅速。2001 年，中国发布了《国家信息化指标构成方案》，这是我国政府首次提出的标准化的国家信息化指标体系，并在 2009 年完成制定。随着中国互联网和信息技术的进步，国内研究人员开始根据国内企业的具体情况对企业信息化成熟度进行深入研究，逐步与国际信息成熟度研究接轨。左美云等人于 2005 年提出了一个适合中国国情的组织信息化成熟度模型（IMM），该模型将企业信息化成熟度划分为五个级别：技术支撑级、资源整合级、管理强化级、战略支持级和持续优化级，并强调了每个阶段信息化建设的关键领域。邱长波等人在对国外信息化成熟度模型

进行分析的基础上，从信息化基础条件和信息系统应用水平两个方面提出了 13 个评价指标，并结合企业实地调研结果，提出了企业信息化的 5 个发展阶段：信息化准备阶段、信息系统引入阶段、信息系统集成共享阶段、信息系统企业外延伸阶段和信息系统决策支持阶段。马慧等人从企业信息化的战略角度出发，以投入产出为视角，提出了 EICMM（企业信息化能力成熟度模型），该模型分为 5 个级别：初始级、技术支撑级、管理模式级、综合集成级和优化级。陈慧等人为了确保企业信息成熟度模型的层次化和指标评价的清晰性，提出了一个以投入-产出为横轴、企业管理层次（基础、制度、管理、文化）为纵轴的三维评价模型。孙昌庆等人为了帮助企业管理者从宏观角度把握信息化成熟度，将 Synnott 的四阶段模型细化为八个信息化过程，包括设备信息化、技术信息化、组织信息化、管理信息化、企业资源信息化、供应链信息化、决策支持信息化和市场开拓信息化。国内企业信息化成熟度模型汇总如表 2-2 所示。

表 2-2　国内企业信息化成熟度模型汇总

模型名称	提出者	信息系统阶段
IMM	左美云、王釜、胡锐先	技术支撑级、资源整合级、管理强化级、战略支持级、持续优化级
聚类五阶段模型	邱长波、张佳、施梦	信息化准备阶段、信息系统引入阶段、信息系统集成共享阶段、信息系统企业外延伸阶段、信息系统决策支持阶段
EICMM	马慧、杨一平	初始级、技术支撑级、管理模式级、综合集成级、优化级
三维评价模型	陈慧、王娟	横轴：投入-产出，纵轴：基础、制度、管理、文化
八个信息化过程	孙昌庆、廖瑞华	设备信息化、技术信息化、组织信息化、管理信息化、企业资源信息化、供应链信息化、决策支持信息化、市场开拓信息化

综上所述，信息化成熟度模型的主要分类包括阶段模型、层次模型和多维模型，具体内容如下。

1．阶段模型

阶段模型通过企业的各项指标水平来判断信息化所处的阶段，典型的代表有 Nolan 模型、Mische 模型和 IMM 等。这些模型指标明确、应用简单，但往往不足以支持企业信息化建设的深层次管理。

以 Nolan 模型为例，该模型提出组织在信息化建设过程中遵循一条客观的发展路径。这一路径包括技术的进步、应用的扩展、计划和控制策略的变化，以及用户状况的演变。1979 年，Nolan 将计算机信息系统的发展分为 6 个阶段，Nolan 模型的六阶段理论如图 2-1 所示。这些阶段的划分揭示了信息化发展的连续性和阶段性，并为企业信息化发展提供了指导框架。

（1）初始期：组织引入数据处理系统，如管理应收账款和工资，但缺乏对数据处理费用的控制，信息系统建立时往往不考虑经济效益，用户对信息系统持保留态度。

（2）普及期：信息技术应用开始普及，数据处理专家推广自动化的优势，组织管理者开始关注信息系统投资的经济效益，但实际控制机制尚未建立。

（3）控制期：为控制数据处理费用，管理者组织跨部门用户委员会规划信息系统发展，正式成立管理信息系统的部门，启动项目管理计划和系统发展方法。

（4）集成期：组织从管理计算机转向管理信息资源，采用信息技术整合独立的实体，如使用数据库和远程通信技术。

（5）数据管理期：信息系统支持从单项应用到综合应用的转变，组织通过全面评估信息系统建设的成本与效益，能够有效解决投资中的平衡和协调问题。

（6）成熟期：组织的中上层和高层管理者认识到管理信息系统对组织的不可或缺性，投入使用正式的信息资源计划和控制系统，确保管理信息系统能支持业务计划，信息资源管理的效用得到充分体现。

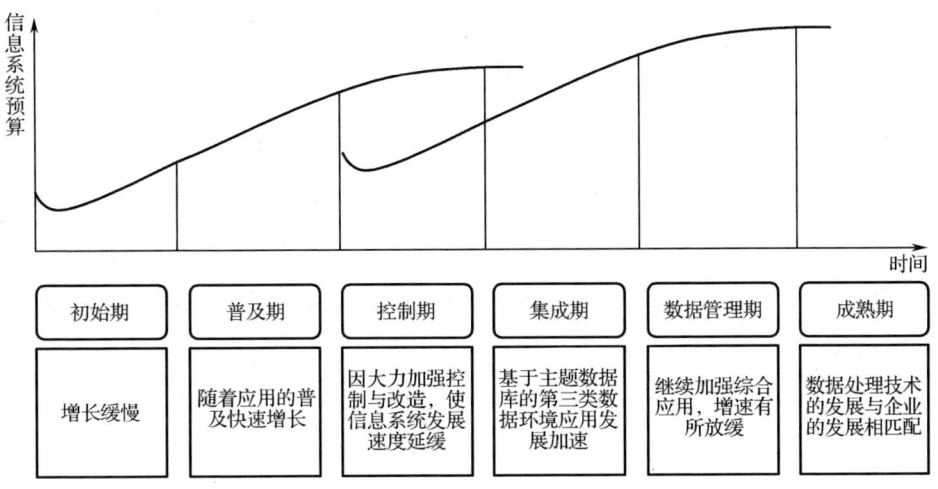

图 2-1　Nolan 模型的六阶段理论

Nolan 模型提炼了发达国家的信息系统发展路径及其规律,研究者普遍认为该模型中的各个阶段是依次发展的、不能省略的。因此,在制定管理信息系统的策略或规划时,必须首先确定组织目前所处的成长阶段,并基于该阶段的特性来引导信息系统的建设。

国网山东省电力公司桓台县供电公司在实施电网资产数字化管理过程中,遵循了 Nolan 模型的发展规律。该公司提出的数字化管理保障机制包括 4 个关键阶段:完善数据管理体系、定期更新管理制度、培养专业数字化人才,以及建立全面的数据安全保护措施。数字化建设的基础在于对数据的严格管理,因此需要对资产身份信息的采集源头进行严格把控,并制定资产身份信息修改的责任追究机制,以确保信息的精准性和唯一性。为实现健全的数据管理机制,公司定期更新和优化管理制度,强化过程控制。而这一工作的前提在于培养一支高素质的数字化人才队伍,不断提升团队的专业能力,以有效推进资产数字化管理,形成资产管理与发展的良性循环。最终,为确保数字化管理保障机制的有效运行,公司致力于建立全面的数据安全防护体系,堵塞潜在漏洞,有效预防数据安全风险。

2. 层次模型

层次模型,如信息技术扩散模型和 EICMM 等,旨在描绘企业成长的轨迹，并将企业信息化水平的提升与管理活动相结合，为企业的信息化建设和管理提供理论支持。然而，在实际应用中，这些模型常因缺乏具体指标而面临诸多挑战。

以信息技术扩散模型为例，其理论基础建立在创新扩散理论和社会网络理论之上。从创新扩散理论视角来看，新技术的传播是一个社会系统对创新技术的接受与实施过程，这一过程会受到技术特性、社会结构和文化等多方面因素的影响。而社会网络理论则强调，新技术的扩散是通过社会网络中各节点及其连接关系传播的，这些节点的特性及连接的质量都会对扩散效果产生重要影响。信息技术扩散模型将这些因素纳入考量范围，用以解释和预测新技术在社会系统中的传播过程。

在电网行业，信息技术扩散模型可用于分析和预测新型信息技术在电网系统中的推广与应用情况。然而，目前该模型在电网领域的应用案例相对较少，且缺乏典型的实践案例来进一步验证和说明其效果。

3．多维模型

多维模型，如三维评价模型，融合了阶段模型的指标评估和层次模型的企业发展过程，能够帮助企业更清晰地评估其信息化水平，并迅速发现信息化建设中的问题，进而推动信息化建设水平的提升。然而，为了使这些模型的应用更加标准化，亟须构建完善的信息化成熟度评价指标体系。

以现代产业三维评价模型为例，它主要涵盖现代产业体系的三个维度：协调度、集聚度和竞争度。这三个维度相互关联，共同促进产业体系的有效运作。协调度聚焦于产业结构的优化升级，以合理化为基础，结合产业结构和布局的调整。集聚度强调产业发展的集中化，即将产业资源从分散状态转变为集中状态。竞争度则指向产业竞争力的提升，追求产业竞争力的顶尖水平。产业竞争力的提升是产业结构高级化的核心目标。

国网福建省电力有限公司福州供电公司（以下简称"福州供电公司"）以福州纺织产业为研究对象，通过模型计算分析与对比，构建了一个基于电力大数据的制造业发展评价三维模型，该模型包括产业专业度评价、产业协调度评价和产业竞争力分析 3 个子模型。研究发现，泉州纺织产业链更为丰富，更集中于消费端，产业附加值更高，市场竞争力优于福州纺织产业。福州供电公司对三维模型的应用不仅拓宽了电力数据在制造业的应用范围，也为完善信息化成熟度评价指标体系提供了实际案例。在企业信息化建设中，先进的科学理论知识至关重要。当前，国内不同行业之间、地区之间的信息化水平和概念理解存在较大差异，这导致了地区信息化能力的差异和不均衡。信息化成熟度模型研究的目的是帮助企业发现问题、提升信息化水平，从而促进企业信息化建设的全面发展。

2.3 数据管理成熟度模型

数据管理能力成熟度评估模型（DCMM）是一个涵盖数据管理过程、活动和规章制度等多方面内容的评估模型，旨在为企业数据管理能力提供全面评估框架。该模型由全国信息技术标准化技术委员会于 2014 年发起，由中国电子技术标准化研究院牵头，联合御数坊（北京）科技咨询有限公司、清华大学、中国建设银行股份有限公司、中国光大银行等机构和高校共同研发，并于 2018 年 4 月被正式批准为国家标准《数据管理能力成熟度评估模型》（GB/T 36073—2018）。

能力成熟度模型（CMM）是一种评估服务能力的创新方法，最早由美国卡内基·梅隆大学软件工程研究所（SEI）于 1986 年 11 月提出，并于 1991 年正式公布。CMM 采用分阶段的方式来表现软件开发过程的能力成熟度，分为 5 个阶段：初始级、受管理级、已定义级、定量管理级和优化级，如图 2-2 所示。还有研究者将这 5 个阶段描述为初始、可重复、定义、受管理和优化。其中，初始级特征为缺乏方案、控制和响应能力较弱；受管理级具备项目专用方案并能及时响应；已定义级拥有企业专用方案且积极主动，项目能够根据组织标准调整方案；受管理级能够量化并控制方案；优化级专注于方案的持续优化。尽管 CMM 最初是为软件开发而设计的，但其 5 个逐步提升的阶段结构使它成为许多领域的评估基础，如人力资源成熟度模型（PCMM）、组织项目管理成熟度模型（OPM3）等。

图 2-2　CMM 的 5 个阶段

在数据管理领域，CMM 将数据管理分为 5 个主要类别和一个支持过程，这些类别包括：数据管理战略、数据治理、数据质量、数据运营、数据平台和架构，以及支持过程中的数据管理。该模型为每个类别下的过程域提供了具体的成熟度评估要求，为企业在进行数据管理和能力评估时提供了明确的指导。CMM 具有很强的操作性，但其在实施过程中可能会较为复杂。

DCMM 是一个综合性的数据管理框架，它集成了标准规范、管理方法论和评估模型等多个方面的内容。该模型结合了数据生命周期管理各个阶段的特点，全面剖析并总结了企业在数据管理方面的核心过程域，具体包括了八大核心过程域，即数据战略、数据治理、数据架构、数据标准、数据质量、数据安全、数据应用和数据生命周期（见图 2-3）。同时，DCMM 详细描述了每个组成部分的定义、功能、目标和标准。DCMM 不仅为企业在数据管理方面的规划、设计和评估提供标准，还可以为信息系统建设状况的指导、监督和检查提供依据。在我国，DCMM 已被应用于企业的数据管理能力评估，如 2020 年中国电子信息行业联合会发布《关于数据管理能力成熟度评估的首批试点地区的公告》，确定北京市、天津市、河北省、山西省、上海市、江苏省、广东省、贵州省和浙江省宁波市为数据管理能力成熟度评估首批试点地区。

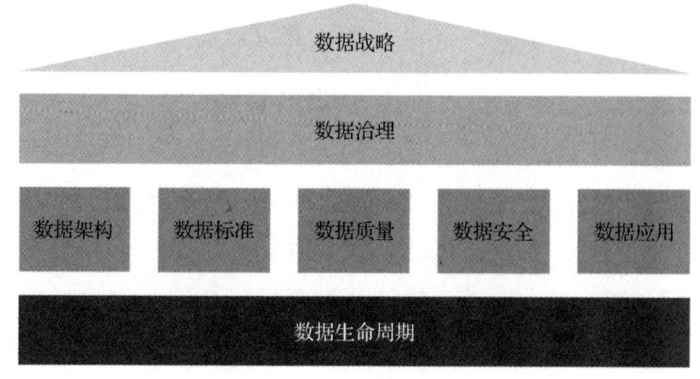

图 2-3　DCMM 架构图

DCMM 通过对组织、制度、流程、技术的综合分析，归纳出组织数据管理的八大核心过程域。这八大过程域涵盖了 28 个具体的过程项，以及 441 项评价指标（见表 2-3）。在执行数据管理能力评估时，过程域虽然可以独立进行评估，但在实际数据管理中，它们相互依赖，并作为一个整体来协同推进，以完善数据管理体系的构建。

表 2-3 DCMM 的关键领域

过程域	过程项
数据战略	数据战略规划、数据战略实施、数据战略评估
数据治理	数据治理组织、数据制度建设、数据治理沟通
数据架构	数据模型、数据分布、数据集成与共享、元数据管理
数据应用	数据分析、数据开放共享、数据服务
数据安全	数据安全策略、数据安全管理、数据安全审计
数据质量	数据质量需求、数据质量检查、数据质量分析、数据质量提升
数据标准	业务数据、参考数据和主数据、数据元、指标数据
数据生命周期	数据需求、数据设计和开放、数据运维、数据退役

与 CMM 类似，DCMM 也将组织的数据管理能力成熟度分为 5 个级别：初始级、受管理级、稳健级、量化管理级和优化级，以协助组织评价其数据管理能力的成熟度，DCMM 发展等级划分如图 2-4 所示。

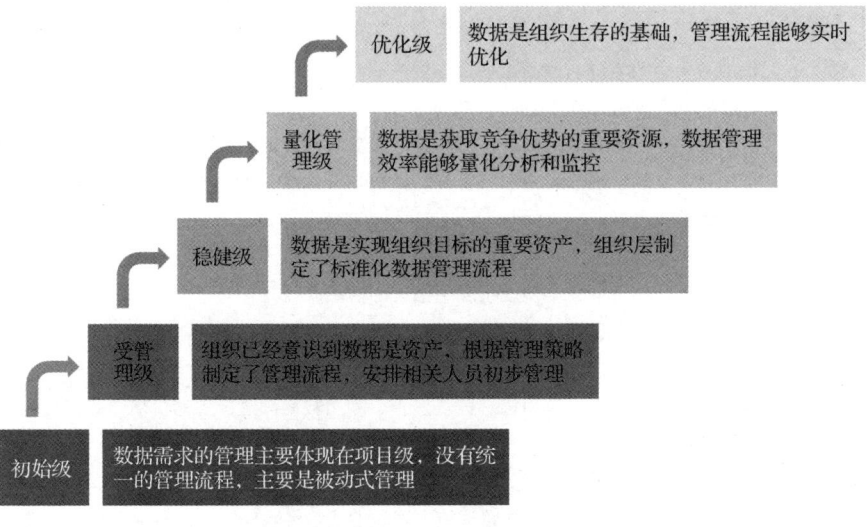

图 2-4 DCMM 发展等级划分

为了能更好地利用 DCMM 进行评审工作，我国对这五等级的具体特征进行了明确的规定，这有助于加深组织对各个等级的认识，从而更有效地进行评估和使用（见表 2-4）。

表 2-4 DCMM 五等级的具体特征

等级	特征
初始级	（1）组织在制定战略决策时，未获得充分的数据支持。 （2）没有正式的数据规划、数据架构设计、数据管理组织和流程等。 （3）每个业务系统负责管理自己的数据，各业务系统之间的数据存在不一致现象，组织未意识到数据管理或数据质量的重要性。 （4）数据管理仅根据项目实施的周期进行，无法核算数据维护、管理的成本
受管理级	（1）意识到数据的重要性，并制定部分数据管理规范，设置相关岗位。 （2）虽然意识到数据质量和"信息孤岛"是一个重要的管理问题，但是没有解决问题的办法。 （3）组织进行了初步的数据集成工作，尝试整合各业务系统的数据，设计、增加了相关数据模型和管理岗位。 （4）开始对关键数据进行系统化文档管理，并针对数据安全和风险等制定相应的管理措施
稳健级	（1）组织充分认识到数据的价值，并在内部建立了完善的数据管理规章制度。 （2）数据的管理和应用能结合组织的业务战略、经营管理需求，以及外部监管要求。 （3）建立专门的数据管理组织、管理流程，能有效推动各部门按流程开展工作。 （4）在日常决策和业务开展中，组织能利用数据支持，明显提升工作效率。 （5）参与行业数据管理相关培训，配备专业的数据管理人员
量化管理级	（1）组织充分认识到数据是重要的战略资产，并深入了解数据在流程优化、绩效提升等方面的关键作用。 （2）在制定业务战略时，可获得相关数据的支持。 （3）在组织层面建立了可量化的评估指标体系，可精准测量数据管理流程的效率并及时优化。 （4）参与国家或行业相关标准的制定工作。 （5）定期开展数据管理和应用相关的培训。 （6）在数据管理、应用的过程中，充分借鉴了行业最佳案例、国家标准、行业标准等外部资源，持续提升组织的数据管理和应用水平
优化级	（1）组织将数据作为核心竞争资源，利用数据创造更多的价值，并显著提升运营效率。 （2）能主导国家或行业相关标准的制定工作推动行业规范的发展。 （3）组织能将自身数据管理能力建设的成功经验作为行业最佳案例进行推广

与欧美国家相比，中国长期以来一直缺乏对完善的数据管理成熟度体系的研究。DCMM 的出现填补了这一研究空白，并为国内组织在数据管理能力建设和发展方面提供了方向性指导。虽然使用该模型的研究实例相对较少，但相关研究正在逐步增加。例如，叶兰从 5 个维度对 7 个数据管理能力成熟度模型进行了评估，指出这些模型各具优缺点，其中中国的 DCMM（中国数据中心服务能力成熟度模型）具有较高的操作性，其结合定量和定性评价的方法值得借鉴。万方等人以 DCMM 为基础，吸收国内外理论和实践成果，结合中国警务数据管理的特点，评估警务数据管理的能力成熟度。

通过 DCMM 评估，企业可以更有效地管理数据资产，提升数据管理和应用水平，并建立一致且可比较的基准以衡量进展。该评估有助于企业识别自身在数据管理能力方面的优势与不足，确定数据治理的优先级、范围和内容，从而更高效地管理和利用数据。此外，企业还可建立与自身发展战略相契合的数据管理能力体系，包括组织体系、制度体系、标准体系及工具和技术体系等，这将有力推动数据思维和数据意识在企业内部的广泛形成。

2.4 数据治理成熟度模型

数据治理的概念尚未有统一的界定，目前公认的定义有两个：一是国际数据治理研究所（DGI）提出的，认为数据治理涉及对数据相关事务的决策制定和权力的控制；二是国际数据管理协会（DAMA）提出的，将数据治理视为对数据资产管理行使权力和控制的一系列活动。

数据治理成熟度模型是一种衡量组织数据治理计划成熟度的工具，其目的在于向整个组织清晰传达数据治理的概念。国际商业机器人公司（IBM）的数据治理成熟度模型是其中较为知名的一个。IBM 将数据治理描述为组织管理和回答关于信息知识问题的能力，包括确定数据来源、验证数据是否符合企业政策和规则等。它为决策者提供了一种管理、改进和利用数据的方法，以增强对业务决策和运营的信心。

基于 CMM，IBM 将数据治理成熟度模型分为 5 个级别：初始级、受管理级、定义级、量化管理级和优化级（见表 2-5），并确定了 11 个核心数据治理领域，包括信息风险管理与合规、数据价值创造、组织结构与感知、数据保管、策略、数据质量管理、数据生命周期管理、数据安全与隐私、数据架构、数据分类与元数据管理、审计信息日志与报告。这些领域被划分为 4 个管理层次，包括基础支撑层、核心管控层、组织责任层和价值创造层，IBM 数据治理框架如图 2-5 所示。通过评估企业在这些领域的成熟度，可以量化和优化企业的数据治理能力，从而指导能力建设的优先级和方向。

表 2-5 IBM 数据治理成熟度模型等级

等级	描述
初始级	没有数据流程或治理；数据管理是临时的和反应式的；没有用于跟踪数据的正式程序
受管理级	意识到数据的商业价值；一些数据项目正在进行中；自动化程度小；数据监管措施已达成一致并可供使用；数据团队开始关注元数据
定义级	数据策略定义明确；已确定并安排了一些数据管理员；有一些数据管理技术在使用；正在制订数据集成计划；用户正在共享和了解数据管理流程；主数据管理；使用数据质量风险评估措施
量化级	数据策略定义明确；企业级数据治理措施到位；已制订明确的数据质量目标；数据模型随时可用；数据治理原则推动所有数据项目；绩效管理已上线并正在进行中
管理级	数据管理成本降低；自动化很普遍；全公司采用清晰全面的数据管理原则；数据治理是公司文化的一部分；计算和跟踪数据项目的投资回报率是标准做法

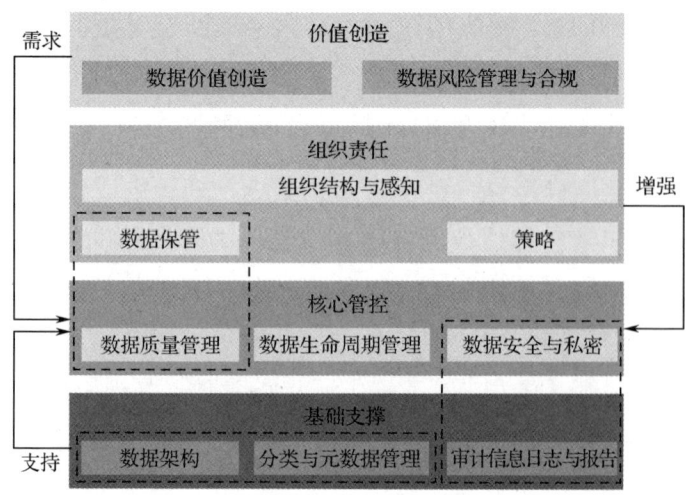

图 2-5 IBM 数据治理框架

在 1992 年 IBM 进行重大转型之前，公司已经建立了一个庞大的数据管理体系，这个体系包括全球 12 位首席信息官（CIO）、155 个主要数据中心、80 个网站托管中心、31 个专用应用网络，以及公司内部运行的 16000 多个应用程序。然而，这个复杂的数据管理体系逐渐成为 IBM 进行企业转型和业务整合的主要障碍。为了解决这个问题，IBM 采用了自家的框架来实施内部数据治理，并启动了一项长期的数据治理改革计划。通过实施一系列数据管理控制措施，IBM 成功简化了基础设施，降低了管理复杂性，并提高了信息资产的利用效率。2007 年，IBM 的数据管理体系已经缩减到只有一个首席信息官、6 个主要数据中心、6 个网站托管中心和 1 个企业网络，同时运行的业务应用程序数量也减少到了 4190 个。

DataFlux 主数据治理成熟度模型（以下简称"DataFlux 模型"）从业务角度出发，将数据视为企业资产进行管理，并利用组织、流程、技术等手段确保达到所需的数据质量水平。DataFlux 模型将企业的数据治理成熟度划分为 4 个阶段，即无纪律阶段、反应性阶段、积极性阶段和治理阶段（见表 2-6）。并从人员、政策、技术、风险 4 个维度出发，提供了一系列可识别和监控的数据治理洞察。该模型描述了每个成熟度阶段的特点，以及逐步进入下一阶段的方法，从而开发出数据治理成熟度的各个阶段。

表 2-6　DataFlux 模型的企业数据治理成熟度阶段

成熟度阶段	特征
无纪律	有很少关于数据质量和集成的明确规则；有很多不同来源、格式和记录的冗余数据；错误的数据导致错误的决策
反应性	数据治理的开始；可以调节不一致的、不准确的、不可靠的数据；可以从部门层面有所收获
积极性	企业充分理解统一信息和知识观的价值；开始思考主数据管理（MDM）；学习并为下一阶段数据治理做准备，企业文化也在改变
治理	整个企业的信息是统一的；企业拥有复杂的数据策略和框架；企业文化发生了重大转变

DataFlux 模型的数据治理框架如图 2-6 所示，该框架展示了不同成熟度阶段采用技术的情况，并且每个成熟度级别都包含了业务功能及采用技术示例。随着企业数据治理成熟度的逐步提升，它们从信息和知识资产中获得的回报就更高，并有效降低企业面临的风险。

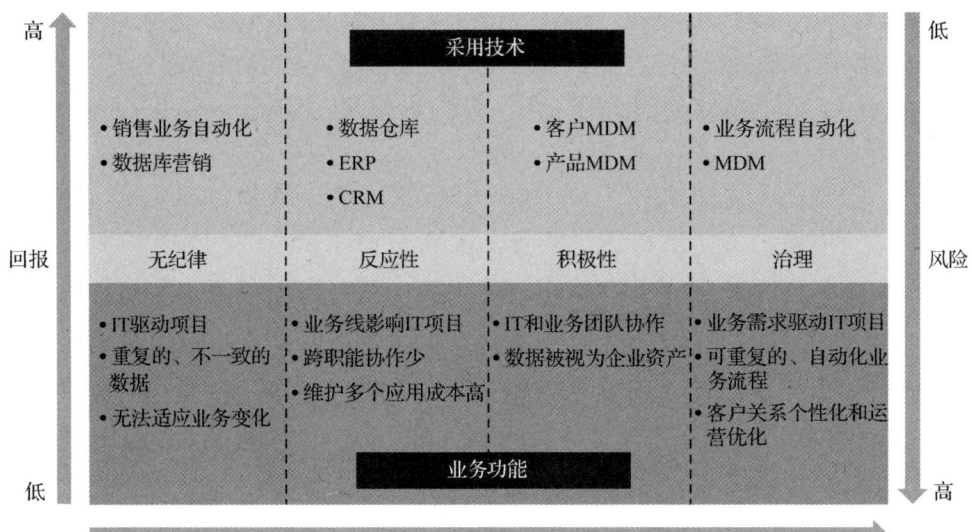

图 2-6　DataFlux 模型的数据治理框架

2008 年 12 月，Gartner 提出数据治理成熟度模型，旨在为企业管理信息资产提供指导。Gartner 数据治理成熟度模型将企业的数据治理成熟度划分为 6 个级别：不清楚、意识到、反应性、积极、管理、有效，并为每个级别提供了相应的行动项（见表 2-7）。Gartner 公司倡导一种整合的企业范围信息资产管理方法，并设定了 5 个主要目标：实现跨 IT 领域的数据集成、统一内容、整合主数据领域、实现无缝信息流，以及元数据管理和语义协调。这些目标的实现最终构成了企业信息管理（EIM）的流程。

表 2-7　Gartner 数据治理成熟度级别及特征

成熟度级别	特征
不清楚	没有足够的信息支撑决策；缺乏正式的信息架构、原则和共享信息的过程；缺乏信息治理、信息安全和问责制；缺乏对元数据、常用分类法、词汇表和数据模型的理解
行动项：架构人员和战略规划者应当非正式地教育业务领导，让他们了解 EIM 的潜在价值，以及没有 EIM 的风险	
意识到	理解信息的价值；意识到数据所有权问题；对通用标准、方法和程序有公认需求；尝试了解与信息管理不当相关的风险
行动项：架构人员需要开发和交流 EIM 策略，并确保这些策略与政府战略意图的企业架构保持一致	
反应性	商业性理解信息的价值；信息可在跨职能项目中共享；以反应模式解决信息质量问题；有很多点对点接口；开始收集描述当前状态的指标

续表

成熟度级别	特征
行动项:高层管理人员应提升 EIM 处理跨职能问题的效率,EIM 的价值主张需要通过场景和业务案例来实现	
积极	信息是提高效率的必要条件;信息共享是实现企业计划的重要条件;企业信息体系架构为 EIM 计划提供指导;形式化治理角色和结构;数据治理与系统开放方法集成
行动项:为 EIM 开发正式的业务案例,识别业务单位内的 EIM 机会	
管理	明白信息是至关重要的;整个企业都了解政策及标准;治理组织是为了解决与跨职能信息管理相关的问题;开发了信息资产估值和生产力度量标准
行动项:EIM 需要作为一个计划来管理,而不是一个系列的项目	
有效	信息价值贯穿于整个信息供应链;建立服务水平协议;高层管理者认为可以利用信息资产获得竞争优势;EIM 战略与风险管理、生产目标相关;利用 EIM 组织和协调整个企业的活动
行动项:实施技术控制与优化程序并保持信息卓越	

Gartner 公司的 EIM 由愿景、战略、矩阵、治理、组织(人)、过程(生命期)和基础设施等 7 个维度组成一个企业数据治理的周期。Gartner 公司认为数据治理对数据管理计划是必不可少的,同时需要控制不断增长的数据量,以改善业务成果。越来越多的组织意识到数据治理是必要的,但是他们缺乏在企业范围内实施数据治理的经验。Gartner 数据治理分为 4 个阶段:规范、计划、建设和运营。Gartner 数据治理的 4 个阶段定义了企业数据治理的 4 个阶段重点关注的内容,如表 2-8 所示。

表 2-8 Gartner 数据治理的 4 个阶段

阶段	内容
规范	定义数据战略、确定数据管理策略、建立数据管理组织,以及进行数据治理的学习和培训;对企业数据域进行梳理和建模,明确数据治理的范围和数据的来源与去向
计划	在规划基础上进行数据治理的需求分析,分析数据治理的影响范围和结果,并理清数据的存储位置和元数据语义
建设	设计数据模型、构建数据架构、制定数据治理规范,搭建数据治理平台,落实数据治理标准
运营	建立长效的数据治理运营机制,坚持执行数据质量监控和实施,数据访问、审计与报告常态化,实施完整的数据全生命周期管理

2.5 PDCA 循环

PDCA 循环是管理学中一种系统化的管理方法，既可以作为管理工具，也可以作为应用程序。这一理论源自休哈特（Walter A. Shewhart）在 1930 年提出的"计划—执行—检查"的三步模式。后来，美国质量管理专家戴明（W. Edwards Deming）博士在 1950 年发现了这一理论，并在其基础上增加了"行动"环节，从而形成了完整的 PDCA 循环，即计划（Plan）、执行（Do）、检查（Check）、处理（Act）。这一循环在全面质量管理中被广泛应用，主要用于质量管理体系的持续改进。

PDCA 循环是一个不断上升的循环过程，每个阶段都是相互关联的，并且循环是持续进行的。在每次 PDCA 循环中未解决的问题将会在下一轮循环中得到解决，从而使产品质量在循环中不断提升。其基本原理是：首先制订计划，根据需求确定计划内容；其次执行计划，实施规定的行动；再次进行检查，评估执行结果是否符合预期；最后根据检查结果采取措施，巩固成果并解决未解决的问题。

具体来说，PDCA 循环包括以下 4 个阶段：

（1）计划阶段：通过市场调查和用户访问等方式，了解用户对产品质量的需求，编制质量政策，确立质量目标，以及制订质量计划，包括现状分析、原因分析、制订改进计划等。

（2）执行阶段：根据计划阶段确定的内容进行设计和执行，包括产品设计、试制、试验，以及计划执行前的人员培训等。

（3）检查阶段：在计划执行过程中或执行后，检查执行结果是否符合计划预期，以评估效果。

（4）处理阶段：根据检查结果，采取相应措施，将成功的经验标准化，未解决的问题则留待下一轮 PDCA 循环解决（见图 2-7）。

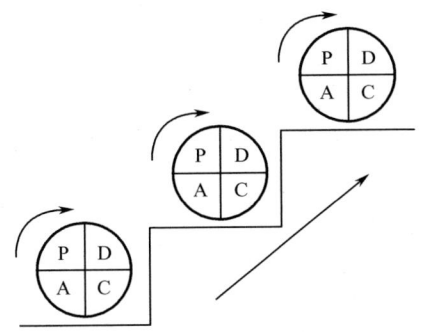

图 2-7　PDCA 循环示意图

PDCA 循环可分成 4 个阶段、8 个步骤（见表 2-9）。

表 2-9　PDCA 循环具体步骤和执行过程

4 个阶段	8 个步骤
计划阶段	第一步，分析现状，找出存在的质量问题。 第二步，针对找出的质量问题，分析其产生的原因。 第三步，找出主要的影响因素。 第四步，制定改善质量的措施，提出行动计划，并预计效果。在进行这一步时，要反复考虑并明确回答以下问题： （1）为什么要制定这些措施（Why）？ （2）制定这些措施要达到什么目的（What）？ （3）这些措施在何处，即哪个工序、哪个环节或在哪个部门执行（Where）？ （4）什么时候执行（When）？ （5）由谁负责执行（Who）？ （6）用什么方法完成（How）？ 以上 6 个问题，归纳起来就是原因、目的、地点、时间、执行人和方法，也称为 5W1H 问题
执行阶段	第五步，严格执行计划或措施
检查阶段	第六步，检查计划的执行效果。通过做好自检、互检、工序交接检、专职检查等方式，将执行结果与预定目标对比，认真检查计划的执行结果
处理阶段	第七步，总结经验。对检查出来的各种问题进行处理，正确的加以肯定，总结成文，制定标准。 第八步，提出尚未解决的问题。通过检查，对效果还不显著，或者效果还不符合要求的一些措施，以及没有得到解决的质量问题，不要回避，应本着实事求是的精神，把其列为遗留问题，反映到下一个循环中去

处理阶段是 PDCA 循环中至关重要的环节，它涉及问题的解决、经验的总结，以及教训的吸取。在这一阶段，重点在于对标准进行修订，包括技术标准和管理制度。如果没有标准化和制度化，PDCA 循环就无法持续有效地推进。此外，PDCA 循环必须按照正确的顺序进行，依赖组织的力量来推动，就像车轮一样连续滚动，形成周而复始的循环。

PDCA 循环不仅应用于质量管理，企业的各个部门、车间、工段、班组，甚至个人工作都有一个对应的 PDCA 循环。以这样的层次结构逐级解决问题，大循环包含小循环，每个小循环都为大循环的实现提供支持和保障。大循环与小循环之间的关系主要通过质量计划指标来连接，上级管理循环是下级管理循环的基础，而下级管理循环又是上级管理循环的具体实施和保障。通过各级小循环的持续运作，推动上级循环，最终实现整个企业的持续运转。通过这样的循环网络，企业的工作被有机地组织起来，纳入质量保证体系，以实现整体的质量目标。PDCA 循环特点如图 2-8 所示。

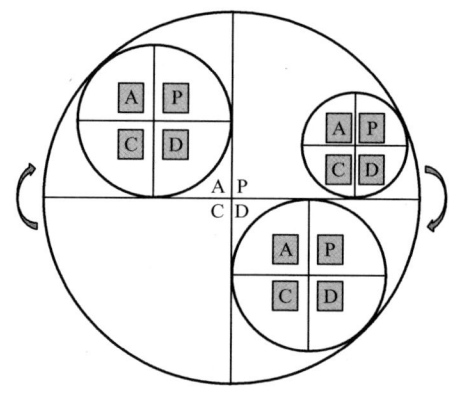

图 2-8　PDCA 循环特点

因此，PDCA 循环的运行不是依靠个人的力量，而是组织力量和集体力量的体现，是全体企业员工共同努力的结果。每轮 PDCA 循环结束后，都应进行总结，提出新的目标，然后开始下一轮 PDCA 循环，以此推动质量管理的持续进步。每一次循环的结束都意味着质量水平和管理水平的提升。

随着信息技术的不断进步和智能化水平的提升，企业质量管理的重心已经从单纯追求产品无缺陷转向了追求质量竞争优势。然而，PDCA 循环在现代质量管理中存在一定的局限性：

（1）难以实现质量竞争优势：PDCA 循环主要侧重于现有工作的完善，缺乏对创新和创造性内容的关注，这可能导致企业陷入惯性思维，难以形成独特的质量竞争优势。

（2）时间和资源成本较高：PDCA 循环的实施需要时间和资源的投入，这对于那些紧急和短期任务来说可能不太适用。

（3）与项目质量管理关系不明确：在第三代研发模式中，项目级流程占据主导地位，而项目质量不仅包括工作产品的质量，还包括项目管理质量。PDCA 循环难以将这二者通过量化的关系联系起来，从而难以有效识别过程风险，明确基线要求，制定合适的质量管控策略。

尽管如此，PDCA 循环仍然是一种有效的管理工具，它体现了科学认识论的具体应用，是一套科学的操作程序。PDCA 循环的管理模式强调计划、执行、检查和处理 4 个阶段的有机结合，以及问题导向和数据驱动的重要性。这与新型电力系统的数据管理流程具有高度的契合性，具体包括以下三个方面。

（1）目标性：新型电力系统的数据管理以数据驱动为特征，旨在提升数据质量和数据价值，同时应用数字化技术提高资源配置效率和风险管控水平。这与 PDCA 循环理论中的层次化循环结构、稳中求进的特征相符。

（2）系统性：新型电力系统的数据管理不是一个孤立的过程，而是一个涵盖多个方面的完整体系，涉及数据与资源配置效率、风险管控水平的深度融合。这与 PDCA 循环作为多层次循环系统的概念相吻合。

（3）关联性：在新型电力系统的数据管理中，组织、部门和人员之间的沟通与协作至关重要。PDCA 循环通过步骤化的流程，自然地强化了管理过程中的沟通与协作，从而增强了理论在实际应用中的效果。

第3章 | Chapter 3

数据管理与价值应用体系构建

面向新型电力系统的数据运营体系的构建涉及范围较广,以下是数据管理与价值应用体系构建的基本内容,如表3-1所示。

表 3-1　数据管理与价值应用体系构建的基本内容

体系构建	内容
数据运营体系构建	(1) 数据管理机制。 (2) 数据开放共享。 (3) 数据质量管理。 (4) 数据应用服务。 (5) 数据安全运营
数据资源管理体系构建	(1) 数据管理准则构建。 (2) 数据规范及标准制定。 (3) 数据共享管理模式构建。 (4) 数据质量管理体系构建。 (5) 数据评估体系构建。 (6) 数据安全制度构建
数据资源应用服务模式构建	(1) 提升数据共享能力。 (2) 提高存量数据质量。 (3) 强化数据安全管理。 (4) 创新数据应用服务
数据运营支撑体系构建	(1) 基础运营工作体系构建。 (2) 服务产品运营体系构建。 (3) 在线数据质量闭环管控。 (4) 数据治理规范体系构建。 (5) 基层数据应用生态打造

3.1　数据运营体系构建

新型电力系统融合了部分先进技术和设备,如智能电表、智能变压器和分布式能源资源等,极大地提升了系统的复杂性和数据处理量。因此,构建一个高效的数据管理体系,以及价值应用平台变得尤为重要,不仅能提升电力系统的运行效率,还能有效缓解管理压力,对于确保电力系统稳定运行与科学管理具有极其重要的影响。

3.1.1 数据管理机制

为了实现电力系统的现代化,需要采集各类数据,并明确数据采集的目标和范围,覆盖电力生产、输送、分配和消费等所有环节。通过深化数据感知层的技术开发和部署,对设备进行智能化改造,并对基础数据进行清洗,以提高数据采集精度,解决数据不完整或不准确的问题。利用传感器等自动化技术减少人工干预,增强数据采集的实时性和准确性。对于计算能力较弱的辅助设备,利用物联网技术实现高级联动和集中控制,发现并采集更多数据,建立数据采集接口清单以保障完整性。建立统一的数据存储平台(含数据库和云存储),确保数据安全可靠。制定统一的数据标准和命名规范,保障不同数据源之间的顺畅对接和整合;同时建立数据质量监控机制,及时发现并处理数据质量问题,确保数据的可信度和可用性。

在数据应用层面,需要将数据转化为业务驱动和业务数字化的重要力量。针对数据可视化和分析能力不足的问题,一方面,以设备的运行需求为导向,通过精细化管理优化和固化流程,实现数据的业务流程映射,推进业务数字化;另一方面,建立数据流程工单,打造灵活的工单中心,确保业务数据的真实性和有效性,提升基于数据的业务决策的可信度,以及基于业务的数据的可靠性。将数据分析结果应用于电力系统的运行和管理,如优化电力调度、预测负荷需求、故障诊断等,提升系统的效率和可靠性。

例如,第 19 届亚洲运动会(以下简称"杭州亚运会")前期,国网浙江省电力有限公司以环亚运村电网为核心,将能源互联网物理系统实时映射为数据,构建了覆盖整个区域性电网,包括输变配的"数字孪生"电网,这是国内首次建设此类"数字孪生"电网。利用"数字孪生"技术,实现了亚运村主干网的全息数字化呈现,也是该技术在国际大型赛事的电网保障中的首次应用。国网浙江省电力有限公司杭州供电公司的工作人员表示,"泛亚运区域'数字孪生'电网"通过数字化手段,整合了多维业务数据和空间视野交互,使整个复杂的电网及其视觉可视化,实现了从电网建设到运维再到故障处理的全过程数字化管控,推动了电力运维和管理的数字化转型。

自从"数字孪生"电网建立以来,工作人员的日常巡检效率大幅提升。巡检人员与摄像机、机器人高效配合,无须亲自到场即可标识异常信号,形成清单,清晰地掌握待巡检电网的周边全貌和现场情况,实现了 24 小时全天候设备巡检,巡视强度大幅提高。变电运维人员指出,系统能在四十分钟内完成整个变电站的自动巡检,并实时、直观地呈现巡检数据,利用"数字孪生"电网的精确建模和测量工具,对设备所处空间环境进行精确测算和评估,辅助巡检人员完成检修决策。在运维人员开始抢修作业时,"数字孪生"电网的远程安全智能管控功能同步启动,将作业位置映射到三维场景中,便于后台监控,确保作业安全。在杭州亚运会前夕,"数字孪生"电网已经提供了电网设备全景实时监控、远程踏勘计划作业、自主巡检、一键确认设备操作、现场安全智慧管控、远程实景培训等六大功能,全面提升了电网设备的运维水平。

3.1.2 数据开放共享

数据开放共享已经成为新型电力系统发展的关键。开放共享的过程对于电力系统的优化调度、故障预测和能源管理等方面至关重要,它能够显著提升电力系统的可靠性、安全性和经济性。为了促进数据的高效利用和共享,需要建立一套数据管理规则,这将有助于电力系统的高效运行和持续发展。这就需要政府和企业等各方的共同努力,推动数据开放共享的进程。

首先,建立一个健全的数据产权制度体系,明确不同数据类型的权利边界,对各类数据进行区分,同时考虑其经济效益和公共属性,以确定数据的产权归属。其次,建立一个数据价值评估体系,以提升数据要素与价值创造之间的效率,这有助于为新型电力系统的数据要素市场创造一个公平和合理的竞争环境。最后,建立一个数据共享的监管机构和机制,以监督和管理数据的共享和使用,确保数据的合法性和规范性,协调各方利益,解决共享过程中可能出现的纠纷和问题。

例如,南方电网广东电网能源投资有限公司正在持续开发和运营"一网统管"风险防控与应急指挥平台,为电力安全监管提供有力支持。2022 年,广东电网能源投资有限公司成为全国首批三家试点"数据经纪人"企业之一。作为在政府监管下具备数据经纪活动资质的机构,"数据经纪人"已经入选"中国改革 2022 年度地方全面深化改革典型案例"。在广州市海珠区政数局的指导下,广东电网根据"数据经纪人"试点方案的要求,结合电力数据特性和市场潜在需求,创新推出了六大类 35 项"电力+"服务产品。

2023 年,国网甘肃省电力公司陇南供电公司致力于政企系统协同办电,通过国网甘肃省电力公司的专家指导和地方政府部门的支持,解决了信息交互的问题。利用数字化技术,实现了工程建设审批系统和供电系统的顺利对接,加强了政企间的信息互通共享。2023 年 7 月 25 日凌晨,随着电力营销系统的维护完成,国网甘肃省电力公司陇南供电公司成为全甘肃省首家实现企业项目立项后,政务系统能够将数据信息在线推送到电力营销系统的供电公司。政务系统的数据共享措施使供电公司当日便成功获取了 153 个项目信息。之后,由专门的客户经理提供上门服务,帮助客户通过网上国网 App 发起办电申请,客户可以在线跟踪办电的全过程,使企业和客户能够安心用电、安全用电。这一功能的实现为供电公司进一步了解项目基本信息、优化审批流程、提升服务效率奠定了坚实的基础。

3.1.3　数据质量管理

数据质量是新型电力系统业务价值和目标实现的基础。数据质量问题揭示了系统数据管理过程中的某些不足。分析数据质量问题能帮助企业定位问题来源,通过追踪数据问题的时间、地点、频率等,及时了解系统问题的成因,并采取改进措施,持续提升数据管理质量和水平。

高质量数据对企业管理和业务支持至关重要。企业的数据质量与其经营成果密切相关。高质量数据有助于保持企业竞争力,并在市场竞争中获胜,而低质量数据可能导致错误决策。提高数据质量为企业提供清晰的数据结构,是开发业务系统、提供数据服务、发挥数据价值的关键前提。因此,日常运营中应确保新型电力系统设备的及时维护,明确各部分的责任人员,以保证获取数据的准确性和及时性。

国网甘肃省电力公司庆阳供电公司为解决数据治理过程中流程烦琐、责任归属不清、问题易于复发等问题，实施"数据责任到人"机制。遵循"管业务必须管数据，管数据就是管业务"原则，在电网运行、营销服务等业务领域，依据数据生成逻辑与业务属性，分层分级明确2647项数据责任人（即"数据主人"），建立设备主人与数据主人之间的关联，为数据治理和溯源奠定基础。该机制通过横向协同、纵向贯通、源头治理、共享共建的常态化运作模式，实现从数据治理到业务源头的延伸、向基层一线下沉，显著提升了公司的基础数据质量水平。

国网甘肃省电力公司平凉供电公司电力调度中心集中专业人员，对调控云系统一次设备模型参数进行核查和完善，显著提高了数据准确率。调控云模型数据平台是调控云系统的核心组成部分，是数字化调度的"数据底座"，其数据质量直接影响到电网实时运行控制和策略调控。在此次基础数据治理工作中，一是通过多平台参数比对，查阅资料、收集设备铭牌，结合OPEN3000、PMS等系统设备台账，仔细核查设备参数，完善基础数据，确保准确无误。二是根据电网运行方式的变化，同步调整调控云模型，做好新投设备上云工作，细致开展ID映射，及时消除模型报错，提升数据准确性。通过这些治理措施，累计处理调控云模型参数、ID映射异常等问题600余项，基础数据准确率得到显著提升。

3.1.4 数据应用服务

数据应用服务是促进数据有序、安全流动的关键，它能最大化地挖掘和释放数据的潜力。数据应用服务要求汇聚数据，打破孤岛效应，实现数据价值的流通，通过重构数据获取和应用的方式，塑造从数据供应到消费的链条，建立一个高效、规范的自助数据应用服务模式。

新型电力系统的数据管理能够有效地推动数据应用和共享，让更多的企业充分利用现有的数据资源，减少信息收集和数据采集的重复劳动，降低运营成本，增强业务能力，提高效率，减少数据重复，促进企业间的沟通与合作，加强参与企业之间的联系。对消费者而言，企业的数字化发展意味着消费者可以获得更周到的服务和更合理的价格,以及更好的消费体验。

2022年,国网山东省电力公司烟台供电公司(以下简称"烟台供电公司")联合烟台市大数据局、自然资源和规划局、市场监督管理局等政府部门,创新性地搭建了地市级便捷"获得电力"数据共享平台。该平台实现了电力客户全生命周期政务数据的共享,完善了供电服务涉企事项的集成化和场景化服务机制,实现了数据资源共享和提升对接联动,提供了全程动态画像和精准定位施策的能力。

烟台双一制鞋有限公司是一家老牌生产企业,随着市中心区工厂的搬迁和发展,原双一制鞋工厂大院转型为双一理想公园,用电性质从大工业改为一般工商业。烟台供电公司通过数据共享平台得知这一变化后,立即主动与客户联系,详细了解了客户的用电性质和负荷数量,最终建议客户将电价类别改为一般工商业,以降低企业的运营成本。通过数据共享平台,电力客户全生命周期的政务数据得以共享,如企业开办、准营、变更、法院判决、注销等与电力业务相关的政务数据,为客户提供了便捷的接电服务,节省了成本,也帮助供电企业规避了风险,提供了更高效的服务。

3.1.5 数据安全运营

数据安全运营是新型电力系统数据管理和价值应用的基石。通过对企业内部数据全生命周期的梳理,可以帮助企业确定数据所有权的合理分配和建立完善的权责制度,以满足监管和合规要求。

根据我国《数据安全治理白皮书5.0》及美国电信巨头Verizon公司发布的《2022年数据泄露调查报告》数据,2021年数据泄露事件数量达到了5258起,比之前增加了1000多起,而到2022年第二季度,数据泄露事件数量已增至5212起。其中,82%以上的数据泄露事件来自人为因素。国网福建省电力有限公司发布的2022年第一季度信息运行与网络安全保障报告显示,该公司一季度共监测并阻断网络攻击56.05万余次,封禁高危攻击源地址6341个。2022年2月,国网福建省电力有限公司拦截互联网攻击21.9万余次,同比增长39.4%,其中拦截境外网络攻击1076次,同比增长265.99%。这些数据显示，在企业数据治理过程中，提升数据安全能力逐渐成为数据价值共享的关键，而推动数据安全体系建设是企业数据治理的必要环节。

《中华人民共和国数据安全法》于 2021 年 9 月 1 日起施行，指出"国家建立数据分类分级保护制度"。企业需根据数据资产对自身的重要性，对数据的敏感程度进行分级分类，并根据数据所属级别，明确数据的使用范围、开放方式，以及在不同场景下采用不同的安全策略。企业可以采取数据泄露防护、加密、权限管理等技术手段，对机密数据提供额外的保护，以降低数据泄露的风险。《数据安全治理白皮书 5.0》分享了国家电网有限公司、南方电网有限公司等电力央企在数据安全运营方面的典型做法，为其他电力企业提供了治理思路和经验。国网山东省电力公司提出了以数据安全为核心，采用零信任及纵深防御的安全理念，构建"没有授权进不去，未经许可拿不走，数据泄密赖不掉"的全过程数据安全防护体系。南方电网有限公司则重点关注数据分级、分类过程，提出了分级、分类原则及方法，帮助公司各级单位进行数据安全的合规分类和自主定级，作为数据安全防护的基础依据。

此外，南方电网有限公司还基于数据分类、分级规范，提出了数据安全防护的技术要求，包括加密、脱敏、防泄露、标识标签、备份容灾、鉴别授权、记录审计等技术，为各业务场景中的数据安全应用提供了参考。

3.2　数据资源管理体系构建

3.2.1　数据管理准则构建

在数字化转型的背景下，新型电力系统的数据规模正在迅速增长，从吉字节（GB）级别跃升至拍字节（PB）级别。为了充分挖掘这些数据的潜在价值，各地的基层供电企业已经开始尝试使用各种类型的数据。然而，由于数据的分散性、异构性、不统一性和管理权限的分割，导致了大量数据资源的闲置和浪费。因此，只有建立一套完整的数据管理体系，对电力大数据的采集、存储、传播和利用进行科学、合理的管理，才能确保数据的真实性、可用性、保密性和完整性，从而促进数据的合理使用并发挥其最大价值。

新型电力系统的数据管理准则，一是需要规范数据的收集方式和流程，以保证数据的完整性和准确性。二是建立数据分类和归档机制，以便于数据的查询和利用。三是设计合理的数据存储和备份方案，以保障数据的安全性和可靠性。四是提供数据分析和应用方法，以支持电力系统的运行和优化。五是加强数据的开放共享，以促进电力行业的合作和发展。具体来说，包括以下几个方面：

（1）数据存储和备份：确保选择合适的数据存储设备和技术，制定数据存储的容量和备份策略，建立数据修复和恢复机制。这是数据管理的基础，为数据的长期安全和可用性提供保障。

（2）数据收集管理：明确数据收集的频率和范围，设定数据收集的方式和工具，制定数据收集的流程和责任分工。成立数据管理工作组，确保数据的准确性和完整性，为后续的数据处理和分析打下坚实的基础。

（3）数据分类和归档：对收集到的数据进行分类和分层，建立统一的数据标准和命名规范，设计数据的归档和检索机制。这有助于提高数据的组织性和可访问性，便于快速找到并利用所需数据。

（4）数据分析和应用：开发数据分析和挖掘方法，提供数据可视化和决策支持工具，设计数据应用的流程和评估指标。这一步骤将数据转化为有价值的信息和洞察，支持电力系统的运行优化。

（5）数据共享和合作：建立数据共享的机制和平台，制定数据共享的权限和规则，推动电力系统数据的开放和合作。这有助于促进跨部门和跨行业间的信息交流和协同工作，提升整个电力行业的效率和竞争力。

综上，在电力系统的数据管理中，制定数据管理准则对于提升数据管理效率和管理水平具有重大意义。这些准则通过标准化数据的采集、分类、存储和应用流程，有助于发挥电力系统数据的最大价值，并推动电力行业的持续发展。在实施过程中，应紧密结合实际需求和科技进步，不断优化和完善准则，确保达到最优管理成效。此外，加强数据共享和合作也是关键，它能促进电力行业的创新和发展。

国网浙江省电力有限公司宁波供电公司（以下简称"国网宁波公司"）在这方面做出了积极尝试，通过制定数据管理准则，致力于实现用电用能的"保供、稳价、降碳"三大目标，并遵循"数字浙电"的建设理念。国网宁波公司运用云边协同、人工智能等先进数字技术，构建了一个实时交互的数据底座，为电力系统提供了强大的数据平台。同时，国网宁波公司在浙江省内首批应用了企业级实时量测中心，利用宁波市能源大数据中心，实现了省、地两级数据的互联互通，为实时监控和分析数据提供了支持。

国网宁波公司还率先构建了企业级大脑，具备孪生建模、工况预测、推演分析、强化学习等智能调节能力，以实现灵活资源调控的智能决策；试点建设了地市边端轻量化智慧能量管理应用（IEMS），通过云边协同，实现了灵活资源的精准互动。

以宁波市北仑区灵峰工业园和前湾数字经济产业园为试点，国网宁波公司围绕提升系统调节能力、社会能效和碳排双控"三条主线"，成功建成了"高效互动""经济运行""低碳运行"三大应用场景。技术层面上，公司完成了云边协同技术路线的验证，实现了省、地两级全链路数据的贯通，并接入省、市两级的六大平台、15套系统、500亿条实时数据，实现了数据融合。

目前，三大应用场景已在以上两个试点园区投入使用，服务于20万千瓦用户负荷，实现了2.2万千瓦可调资源的分钟级准实时调控。公司正在向全市企业推广这一模式，已与爱科迪股份有限公司、宁波市镇海甬鼎紧固件制造有限公司等30家典型企业完成了洽谈对接，其中15家企业开始接入施工。

3.2.2 数据规范及标准制定

统一数据规范及标准的制定是为了确保数据在内外部使用和交换中的一致性和准确性。这些标准应基于电网业务的实际需求，规范电网业务对象在各个信息系统中的统一定义和应用，以实现电网企业全生命周期的业务协同、数据开放共享、数据灵活使用和数据分析应用，最终实现数据驱动业务的目标。

为进一步深化统一数据模型管理，需要完成逻辑模型的解析，提取统一数据模型的标准规范，并形成企业统一数据模型标准，以指导信息化建设和中台建设。同时，须建立统一数据模型管理和运营保障机制，以满足总部对统一数据模型的基线管控和本地数据模型应用的快速响应的需求，确保统一数据模型的健康运营。

加强中台数据模型管理，需要建立业务中台模型和数据中台模型的一体化管理机制，强化跨业务中台数据模型的拼接和同源，实现全业务、全网数据的统一标准和管理。同时，加强模型在设计态、建设态、运行态的管理，进行数据模型的动态变更管理，并将模型管理和数据链路管理扩展到物联采集终端，实现模型在线管理，提供多样化的展现形式，方便在线查询和可视化展示。

推动国家电网有限公司公共信息模型（SG-CIM）向源端业务系统延伸应用，从源头上推动数据标准化和规范化，按照"搬计算、不搬数据"的原则，推动两级数据和服务贯通，实现数据在电网企业范围内的横纵向融通。

为了推进泛在电力物联网建设，国家电网有限公司正在构建数据管理体系，统一电力数据的标准规范，将分散和孤立的数据进行汇集和共享，发挥其最大价值。国网福建省、湖南省、陕西省电力有限公司已经组织业务部门和开发与运维团队对重点业务系统的全量业务数据表进行识别，查找核心业务数据表，并补充完善其技术属性、业务属性和管理属性，构建公司数据目录。国网陕西省电力有限公司近4个月来已梳理业务系统20套，标记核心业务数据表1.9万余张，补充完善数据描述5万余处。国网宁夏电力有限公司开发了数据盘点工具，通过连接系统数据库，实时跟踪预警数据表和字段的变化情况，支持盘点信息的动态更新、校核和发布，实现数据目录的线上统一管理和共享，显著减少人工工作量。

针对"电压等级"主数据标准规范不统一的问题，国网江苏省电力有限公司依据国家发展和改革委员会《省级电网输配电定价办法（试行）》中的监管要求，将"电压等级"统一分为14类，并制定了电压等级分类标准和编码规范。针对设备编码不统一的问题，国网江苏省电力有限公司组织制定统一的设备编码规则、长度和名称等规范,并推进这些标准在信息系统中的执行和应用,完成相关数据的清理,统一系统中的电压等级、业务活动和资产类型等维度数据,实现多系统数据融合,为多维精益管理报表中输配电成本的准确归集和分摊提供支持。

3.2.3 数据共享管理模式构建

新型电力系统的数据集成与共享管理模式可以促进数据的有效利用,并支持电力系统的有效运行和管理。该管理模式旨在聚集来自不同领域和层级的电力系统数据,包括实时监控数据、设备运行数据、网络负载数据和用户需求数据等,通过统一的数据结构和格式,提供一个全面的数据分析视角。

该模式将实现以下目标:

(1)数据分析与决策支持:对汇集的数据进行深入分析和处理,利用先进技术如人工智能、机器学习和数据挖掘来发掘潜在信息和关联模式,为决策者提供精确的数据支持,帮助他们制定更加合理和科学的决策。

(2)智能化的运维管理:利用大数据分析和预测建模技术对电力系统的设备运行进行监控和评估。根据分析结果,实施预防性维护、故障诊断和优化调度等操作,提升电力系统的可靠性、安全性和经济性。

为了规范数据共享,设立数据所有权、数据使用权和共享管理权 3 种权力,并制定相应的制度规则。利用区块链和智能合约等技术手段,来管理数据共享和交换过程,确保数据信任性、可追溯性和安全性。

数据所有权是指掌握和解释政务数据的权力。负责收集、整理、维护和更新政务数据的部门通常拥有数据所有权。数据使用权是指使用政务数据的权力。在使用政务数据时,应根据实际业务需求,按最小必要权限申请使用,并遵守相应的权限要求,在规定范围内使用数据资源,避免滥用。共享管理权是指决定政务数据是否共享、如何共享的权力。拥有共享管理权的部门在政务数据共享中扮演调度、协调和仲裁的角色,处理共享过程中出现的争议和问题,并对不遵守规则的部门进行追责。共享管理权可以由拥有数据所有权的部门掌握,也可以由不拥有数据所有权或使用权的第三方部门(如政务资源中心、大数据管理局等)掌握。

3.2.4 数据质量管理体系构建

为了提高电力系统数据的质量和管理效率,应依据国家数据管理法规、标准体系和企业数据管理办法,坚持数据主人制原则,并采取管理与技术相结合的手段,确保数据治理的三道防线得到严格执行。这样可以从源头上加强数据质量的管理,形成一套标准统一、准确完整的数据管理制度,以促进数据的共享和应用。

数据质量管理体系的建设将以"管理+技术"为手段,推进数据的易用性和实用性,支持企业数据的共享和应用。建设的重点包括完善数据质量管理制度、建立数据质量稽核的"三道防线",以及在重点领域加强数据治理,具体如下。

首先,建立完善的数据质量管理制度,逐步形成"专业管理、专项管理、使用者管理"的管理模式,并在事前预防、事中监控、事后改善3个阶段建设和优化数据质量管理体系,特别是提升新型电力系统的数据融合的数据质量管理水平。其次,建立数据质量管控模式,强化数据标准化生产,开展数据自主稽核和整改,建立数据质量稽核的"第一道防线"。再次,通过技术手段和人工审核相结合的方式,确保数据的新增和变更操作符合规范,从源头上修复数据问题。最后,优化数据质量融通机制,推动数据质量提升工作的数字化,建立"应用—反馈—整改—应用"的数据质量提升路径,利用数据挖掘、机器学习、数据可视化等方法,更准确地掌握数据质量情况,并通过数据中台和业务中台的有效应用,确保数据的一致性和唯一性。

为了持续提升数据质量,国网湖南省电力有限公司已启动源头数据治理工作,通过建立数据治理常态工作机制,完成了3193万条源头数据的治理,发现并整改了406.23万个问题,各专业纳入治理的数据完整率和准确率均达到99%以上。通过这些措施,数据质量得到了显著提升,也提高了数据分析、数字产品的可信度。

3.2.5 数据评估体系构建

为了构建一个全面、标准化且易于执行的新型电力系统数据评估体系，需要明确各级别的数据管理能力目标，并制定一套统一的评估标准。这将激励企业打造专业的数据管理体系，确保数据战略的有效执行，并提升数据业务的管理能力。此外，该体系还将促进树立良好的数据文化氛围，支持企业的业务转型和发展。具体的体系建设内容涉及以下几个关键点：

（1）制定统一的评估标准：结合数字化推动的新型电力系统的建设需求，依据数据全要素融合的理念，逐步建立统一的评估标准，这些标准应具有指导性、科学性和实用性，涵盖评估的主体、对象、指标、方法和结果应用等方面。

（2）构建评估指标体系：评估指标是评估的核心，一个科学规范的指标体系是评估的基础。根据数据管理的不同领域，如数据标准、数据质量、数据共享、数据需求、数据安全和大数据分析等，设立横向和纵向的评估指标，以形成全面的评估标准。

（3）实施专业化评估：评估主体是评估体系的关键，应建立专门的评估机构，并吸纳多元化的评估主体，以提高评估结果的公正性和准确性。结合定量和定性评估，以定量评估为主，对于可量化的指标进行直接评价。

（4）推进定期评估与日常评估相结合：日常评估为定期评估提供材料和信息，有助于全面、历史、客观地评价单位的治理实绩。将年度评估目标分解到日常评估中，确保日常评估具有针对性和具体性。

（5）持续优化评估机制：培养专业数据管理评估人才，是营造良好数据管理氛围的关键。通过搭建人才培养平台，打造"金字塔"型人才结构体系，满足不同角色的工作要求。同时，加强数据文化和知识的传播。

（6）执行评估流程：数据管理部门负责评估，由评估委员会组成评估组。评估结果经过审议和决策后，通过评估通报文件和评估通知单下达到被评估单位，促使其查找问题、研究改进措施。

通过这样的评估体系，企业能够更准确地了解自身数据管理的水平，并有针对性地进行提升，推动数据的价值最大化，从而支撑企业的数字化转型和发展。

3.2.6 数据安全制度构建

为确保电力系统的数据安全，遵守国家数据安全法律法规，并参考国家数据安全能力成熟度模型标准，企业应全面考虑业务流程安全和个人数据全生命周期安全。数据安全管理工作应重点加强数据安全合规管理、建立数据全生命周期安全防护机制，以及提升数据安全的基础设施。

在数据安全合规管理方面，企业应根据《中华人民共和国数据安全法》《中华人民共和国个人信息保护法》等法律法规，建立完善的数据合规管理体系，实现数据的合法、合规流转，支撑电力系统建设。企业应开展数据分级、分类管理研究与应用，建立数据开放共享的、合规的管理制度，制定数据开放共享的负面清单，并建立数据销毁策略和管理制度。企业应强化数据全生命周期的合规管理，促进数据依法合规利用，并建立数据合规风险识别与评估、审查审核、监督、事件处置、培训等机制。

在数据安全全景防护方面，企业应明确数据采集的目的、用途、方式、范围、采集渠道等，制定授权数据采集策略，完善数据采集风险评估，保证数据采集过程合法合规。在数据传输、存储、处理、交换、销毁等环节，企业应采用加密技术、身份鉴别技术、安全传输协议等，确保数据安全。企业应加强数据备份、归档和恢复，识别存储系统的弱点，提升存储系统的安全防护水平。

在数据安全基础设施方面，企业应升级逻辑隔离装置，优化跨区传输通道，提升信息系统跨区数据传输能力，确保数据可靠性、及时性、安全性。企业应建立本地数据备份、备份介质场外存放、异地数据备份等措施，强化容灾备份，确保数据备份的安全。企业应实施数据网络隔离，通过部署数据安全防火墙，压缩数据流转环节，实现网络环境隔离。企业应强化数据运营安全防护，应用流量编排、零信任安全、量子加密等技术，构建支持多方安全计算（MPC）的隐私计算中心。

在技能防控措施方面，企业应加强数据安全审核、监测和审计，制定敏感数据脱敏规则，改进信息系统页面和接口场景脱敏工作；加强信息系统账号权限管理，统一管理平台使用权限，防止产生账号共享和默认问题，提升数据规范性。企业应利用运维审计工具，监测和审计信息系统运维操作行为，确保错误操作和泄密事件能够被精准追溯。企业应实施数据分级保护和分类指导，加强数据安全管理意识培训，确保员工在数据使用过程中遵循规范，防止数据泄露。企业应定期备份关键文件，避免使用未加密的存储介质，以提升数据安全。

3.3 数据资源应用服务模式构建

3.3.1 提升数据共享能力

数据共享在释放数据价值方面发挥着至关重要的作用。通过促进数据资源的流通，能够打破"数据孤岛"现象，从而有效地支持数据应用的快速成长，并放大数据要素在数字经济中的作用。随着电力行业应用的飞速演进，企业对电力数据融合分析，以及不同组织间合作的需求不断增长，加剧了电力行业对数据共享的渴求。然而，电力数据共享面临着一些挑战，如确保合法合规地共享数据、对共享各方行为进行约束，以及构建完善的保障体系等。因此，必须着手整理和整改电力数据，确立准确的数据源，统一定义所需的核心数据对象，建立统一的管理机构和集中管理机制，以解决底层数据结构混乱的问题，并确保电力数据的一致性。

为了克服电力数据共享的障碍，可以采取以下措施：

（1）建立统一的数据共享平台：这样可以实现数据的集中管理并促进数据共享，便于各个业务部门之间的数据交流和利用。

（2）强化数据接口的管理：需要对不同的业务系统和数据接口进行统一的管理和维护，以保证数据的准确性和一致性。

（3）完善数据标准规范：制定和优化数据标准规范，明确数据的定义、格式和交换方式，以便各业务部门更好地理解和应用数据。

在实现碳达峰、碳中和的目标背景下，南方电网有限公司坚信，发展以"电力+算力"为核心的先进电力系统是必由之路。数据作为关键要素，在模型、算法和计算的协同作用下，可以形成强大的算力，赋予传统电网超强的感知能力、明智的决策能力和迅速的执行能力，从而在能源调度、交易、传输和服务等方面实现显著的改进。

南方电网有限公司数字化部大数据管理经理陈彬表示，"得益于数据的赋能，电网企业已经将数据视为提高生产力、构建新型生产关系，以及创造巨大社会经济效益的关键生产要素。"目前，南方电网有限公司以数据为驱动力，能够实时精确地描绘电网形态（全景可视），监测电网动态（可测量），预测电网发展态势（可分析、可仿真、可预测），控制电网状态（可优化控制），从而显著提升电网的智能化水平，再次释放电网的生产力。同时，南方电网以数据为载体，扩展电网生态圈，建立起各个电力价值主体之间的广泛互动连接（可连接、可互动），并不断催生新的业务和服务模式（可探索、可创新、可增值），孕育全新的商业模式，构建更为和谐、绿色、共赢的新型电力生产关系。

3.3.2　提高存量数据质量

国家电网有限公司紧跟数字化发展的潮流，已经逐步实施了"数字新基建"的十大关键建设任务。旗下的各级企业大多已经搭建起了完善的数据治理体系，从底层数据架构到元数据、参考数据和主数据、数据仓库、文档和内容等各个方面的数据收集、存储，以及数据建模设计工作都已经日趋成熟。数据安全管理作为数据生命周期中不可或缺的一部分，通过构建省级数据中台，实现了数据的统一收集、共享和授权，并对数据进行持续的质量监控。

电网运营的复杂性导致系统众多、数据分散，不同系统间的数据结构、框架不兼容等问题，供电企业在数据管理上普遍面临一些挑战，如信息系统偏重建设而忽视应用、业务数据不能及时完整准确地录入系统、缺乏统一的数据管理机制，以及数据不唯一、口径不一致、更新维护不及时、价值挖掘不足等。

为了充分利用电力大数据的价值，提高数据质量，加强数据中台的归集能力，并推动企业数字化转型，国家电网有限公司需要加速构建国际领先的能源互联网。同时，还需建立全面的数据质量管理规范和机制，不仅要关注数据的完整性，还要重视数据的准确性，引导业务部门主动提升数据质量。

国家电网有限公司可以从以下几个方面构建数据质量监控体系，以优化现有数据质量并完善未来的数据管理工作：

（1）制定数据质量标准：确立包括数据完整性、准确性、一致性和及时性在内的数据质量标准，这些标准应贯穿整个数据生命周期，确保数据的准确性和可靠性。

（2）数据清洗和整理：对现有数据进行清洗和整理，消除重复、无效和错误的数据，确保数据的准确性，并对数据格式和结构进行标准化处理，以便数据共享和应用。

（3）建立数据质量监控系统：开发数据质量监控系统，实现对数据的实时监控和定期检查，以便及时发现并解决数据质量问题。

（4）实现数据质量管理闭环：建立数据质量管理闭环流程，对发现的数据质量问题及时反馈并整改，追溯导致问题的根本原因，并采取措施防止问题再次发生。

（5）强化数据安全管理和培训：加强数据安全管理，提高员工素质和能力，明确职责分工。制定严格的数据安全制度和技术措施，保护数据安全和隐私，同时加强员工的数据安全培训，提升数据安全意识和技术水平。

3.3.3 强化数据安全管理

1. 数据安全的意义和作用

在全球范围内，数据开放共享已经成为一种趋势，为社会和经济发展带来了显著的效益。我国政府对数据开放共享的重视程度可见一斑，2020年，中共中央、国务院发布《关于构建更加完善的要素市场化配置体制机制的意见》，将数据列为继土地、劳动力、资本、技术之后的第五大生产要素，并提出要加快发展数据要素市场，包括推动政府数据开放共享、提高社会数据资源的价值，以及加强数据资源的整合和安全保护。2020年，浙江省发布《浙江省数字经济促进条例》，这是首次将数字经济领域的关键概念纳入法律范畴，着重关注数字基础设施、数据资源、数字产业化、产业数字化、治理数字化等关键领域，特别强调制造业的数字化转型，以及数据资源的开发利用与保护技术创新。

电力大数据在国家级、企业级和个人级层面都扮演着至关重要的角色，并且具有极高的研究价值。然而，数据安全是大数据发展的基石，必须给予高度重视。在数据的使用和挖掘过程中，可能会遇到由大数据引发的个人隐私安全、企业信息安全乃至国家安全的问题。企业在享受大数据时代带来的信息价值增长的同时，也在不断累积风险。数据安全的挑战日益严峻，无论是在预防黑客对数据的恶意攻击方面，还是在内部数据的安全管控方面，都需要采取有效的数据安全管理措施。

2．规范数据使用范围

数据安全标准的制定旨在规范数据资产在管理、应用、共享、开放等环节的行为，确保数据的合法性、合规性，以及全程受到有效保护。数据安全一般包括数据分类分级、监控审计、身份验证与访问控制、风险和需求分析、安全事件响应，以及隐私保护等方面。然而，数据的全生命周期安全则覆盖了数据的采集、传输、存储、使用、共享、交换、销毁/退役等所有阶段。

1）完善数据安全管理体系

在制度层面，建立包括数据分类分级、安全审查、风险评估、监测预警、应急演练、安全审计、数据销毁等在内的完整数据安全管理制度。在技术层面，根据数据分类分级保护要求，制定数据安全防护技术标准和规范，采取身份认证、访问控制、数据加密等技术措施，提升数据安全保障能力。在运行管理层面，落实数据安全主体责任，建立数据安全常态化运行管理机制，加强对服务外包数据活动的安全管理，防范数据非法获取、篡改、泄露或不当利用，强化个人信息与商业秘密保护工作等。

2）构建数据分级共享机制

根据国家电网有限公司数据资产目录标准，建立各专业数据资产目录，实现公司级和专业级数据资产目录的对接和信息一致性，包括目录体系信息、数据基础信息、数据负面清单等。按照"以共享为原则、不共享为例外"的原则，以数据资产目录为基础，对营销专业数据进行分级，形成数据资产共享负面清单，识别重点数据保护对象，参考国家电网有限公司的公共信息模型（SG-CIM）进行数据分类。

根据国家电网有限公司的保密工作要求、数据资产管理要求及营销专业数据安全管理要求，营销专业数据可分为数据资产共享负面清单（Ⅰ级）和数据资产共享非负面清单（Ⅱ级）。其中，数据资产共享负面清单（Ⅰ级）包括敏感数据、涉密数据、其他共享负面数据；数据资产共享非负面清单（Ⅱ级）包括除数据资产共享负面清单（Ⅰ级）外的营销专业数据。

敏感数据主要包含自然人、法人和非法人组织用户的个人信息或商业机密。涉密数据按照国家电网有限公司密级范围划定，包括核心商业秘密、一般商业秘密和工作秘密。其他共享负面数据涵盖原始数据，包括人员、设备等业务明细数据和重点统计数据。不同等级数据组合应用时，按最高等级执行管理策略。

3．制定数据内部应用流程

数据专业内部应用涉及各级营销部门对营销数据的使用，包括数据查询、数据导出、数据脱敏白名单申请，以及数据导出白名单等操作。在确保数据安全的前提下，如果可以通过页面直接提供数据，应当优先采用这种方式。对于需要通过离线方式获取的数据，应当确保审批流程的及时性，以提升基层工作人员的效率。

在数据专业内部查询和导出过程中，涉及的敏感信息应当根据《国家电网公司营销专业客户敏感信息脱敏规范》进行脱敏处理。对于在特定场景下的特定岗位需要频繁获取非脱敏信息的情况，可以申请脱敏白名单，一旦数据主管部门的主任审批通过，即可实施相应的规则配置。如果在线数据无法满足业务需求，确实需要导出数据时，应根据《国家电网公司营销专业网络与信息安全管理工作细则》及实际业务执行情况，制定差异化的数据导出策略。数据导出的管理范围应包括前端页面数据导出（如在业务流程中或通用数据主题查询中导出），以及后台执行的数据脱离信息系统环境的方式。前端页面数据导出应通过岗位和角色权限进行控制。在导出的数据中应明显标明数据的使用期限、警示标语和销毁措施，并建立针对敏感数据的查询、导出、导出白名单等使用情况的预警监控机制。数据导出的直接安全责任人为数据导出申请人。导出的数据应专项专用，使用后必须进行数据销毁。没有经过内部共享和对外开放流程的数据，禁止对外提供。

3.3.4 创新数据应用服务

为了促进数据中心行业的整体发展，并利用数据推动数字经济的发展，国家发展和改革委员会、中央网信办、工业和信息化部、国家能源局等机构陆续发布了《关于加快构建全国一体化大数据中心协同创新体系的指导意见》（以下简称《指导意见》）《全国一体化大数据中心协同创新体系算力枢纽实施方案》等指导文件。同时，工业和信息化部也推出了《新型数据中心发展三年行动计划（2021—2023年）》。这些文件为数据中心的规划、布局和运营设定了明确的目标和方向。

数据中心产业的空间结构优化为电力行业的数字化转型带来新的挑战和机遇。电网企业应当利用电网枢纽的作用和电力大数据的优势，完善数据管理基础，推动算力资源服务化、数据要素化，加强政企数据融合利用和大数据应用创新，推动数据高效流通，助力电网的数字化转型升级，并为新型电力系统的构建提供强有力的支持。

《指导意见》对大数据应用创新提出了具体要求，包括提高政务大数据的治理能力，围绕国家重大战略布局，推动大数据的综合应用，支持各部门利用行业和监管数据，建设面向公共卫生、自然灾害等重大突发事件处置的"数据靶场"。电力大数据具有产业生态优势，在社会治理、公共服务和商业创新等方面具有巨大的潜力和价值，可以挖掘能源数据的价值，提升政务综合治理能力，并建立电力大数据需求管理机制。例如，南方电网有限公司建立的数据集成平台基本实现了跨部门的数据交换和集成需求，但地市级层面仍需建立规范的数据需求管理机制，以实现数据需求与供给协同。

浙江网新恒天软件有限公司（以下简称"恒天软件"）与华电电力科学研究院有限公司合作，全面打造数字化电厂，构建算法中台、数据中台和可视化体系，突破"数据孤岛"问题，建立华电的"数据及算法大脑"，并成功应用于设备智能预警、调度计算、径流预报等不同类型的发电场景，实现电厂的数字化智慧升级。中国华电集团有限公司的数字化和智慧化转型项目周期短、技术新、速度快，成功搭建了数据和算法中台，为 2 家区域公司和 2 家电厂实现了数字化应用，加速了能源数字化进程，并为智慧电厂的快速复制提供了技术支持。

在应用层面，恒天软件为宁夏新能源、内蒙古新能源、贵州光照发电厂和福建池潭水电厂进行了算法应用的整体升级。以福建池潭水电厂水库优化项目为例，通过径流预报、调度计算、实时监视、水务计算、数据查询等，预测不同时间尺度的来水情况，并根据雨量数据滚动预报洪水总量、洪峰等相关数据，提高水资源的利用率和发电效率，减少弃水现象，实时调整水位和发电计划，从而优化发电调度。

3.4 数据运营支撑体系构建

3.4.1 基础运营工作体系构建

数据运营的基石之一是基础运营，它是数据运营服务体系中不可或缺的组成部分。基础运营主要围绕数据资源管理、数据共享、数据质量和数据开放等关键领域展开活动。这些活动的目标在于促进内外部数据的互联和互通，提高数据的整体质量,提供统一的数据显示服务,以及构建一个方便、共享、开放的企业级数据资源目录,以有效降低用户在数据使用方面的技术障碍,并为用户提供数据价值挖掘支持与服务的平台。

电力行业的数据运营活动范围广泛,涵盖了售前、售中、售后服务,生产、销售等各个环节,对应的运营方案也相对复杂。随着运营活动范围的扩大,所需管理的数据量也急剧增加。为了能够更准确、快速地获取电力运营相关的资源数据信息,可以借鉴无线网络大数据的运营工作体系。

无线网络大数据建维优一体化系统的前置框架如图 3-1 所示,主要由两个部分组成,即前置管理节点和前置处理节点。

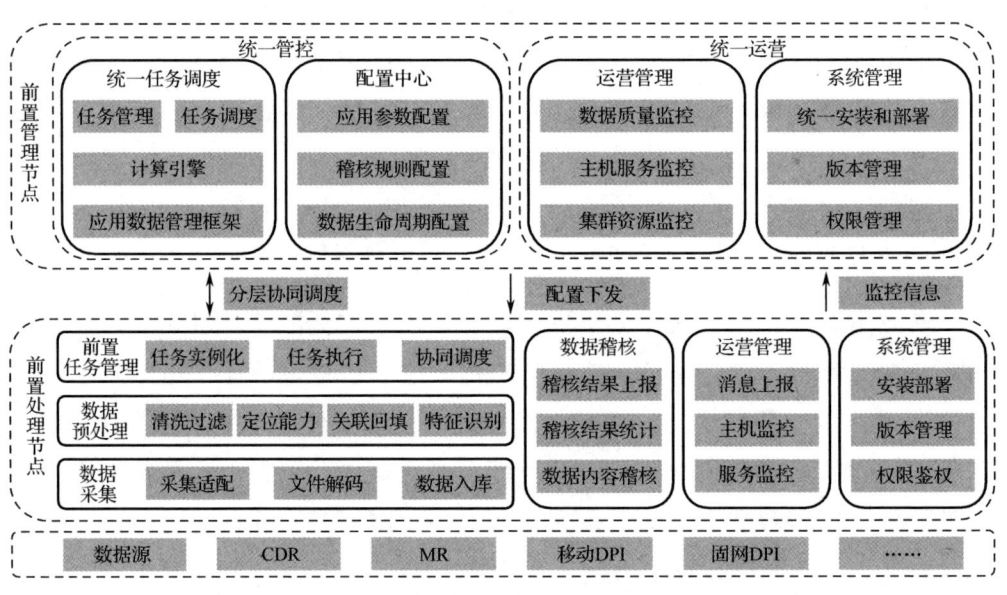

图 3-1　无线网络大数据建维优一体化系统的前置框架

前置管理节点包括统一任务调度、配置中心、运营管理和系统管理 4 个方面的功能。其中,统一任务调度利用统一的计算引擎来管理和调度网络数据预处理的任务;配置中心负责应用参数、稽核规则和数据生命周期配置;运营管理通过消息接收功能实现对集群资源、主机服务和数据质量的监控;系统管理提供统一安装和部署、版本管理、权限管理功能。

前置处理节点包括前置任务管理、数据预处理、数据采集、数据稽核、运营管理和系统管理功能。其中，前置任务管理负责任务实例化、任务执行和协同调度；数据采集和预处理将原始数据导入 Hadoop 分布式文件系统（HDFS），并通过任务调度执行清洗过滤、关联回填和特征识别等操作；运营管理定期收集系统运行指标信息，并向前置管理节点报告平台运行状态；系统管理接收并执行前置管理节点的指令，负责在前置节点上的安装部署、版本管理和权限鉴权。

电力数据运营体系的典型案例是核电行业。为了实现科研与生产的一体化，核动力研究所致力于构建以价值合作为导向的科研院所一体化运营管理体系，并建立了科研与生产业务一体化平台（简称"BIS 平台"）。

BIS 平台的设计理念融合了现代企业和科研院所的管理经验，特别是在核电企业中构建企业资产管理（N1-EAM）、企业资源计划（N1-ERP）和企业内容管理（N1-ECM）等信息系统的实践。BIS 平台以项目管理为核心，整合企业内部的人力、财务、物资和信息流，促进企业项目管理、组织管理、控制管理、绩效管理和决策管理的系统化。BIS 平台由数据平台层、一体化业务层和决策支持层 3 个层次组成，以业务数据为基础，通过一体化业务的管理与协同，确保核动力研究所和控股公司的科研生产全面实施，并为企业提供战略规划和决策支持。BIS 平台整体框架如图 3-2 所示。

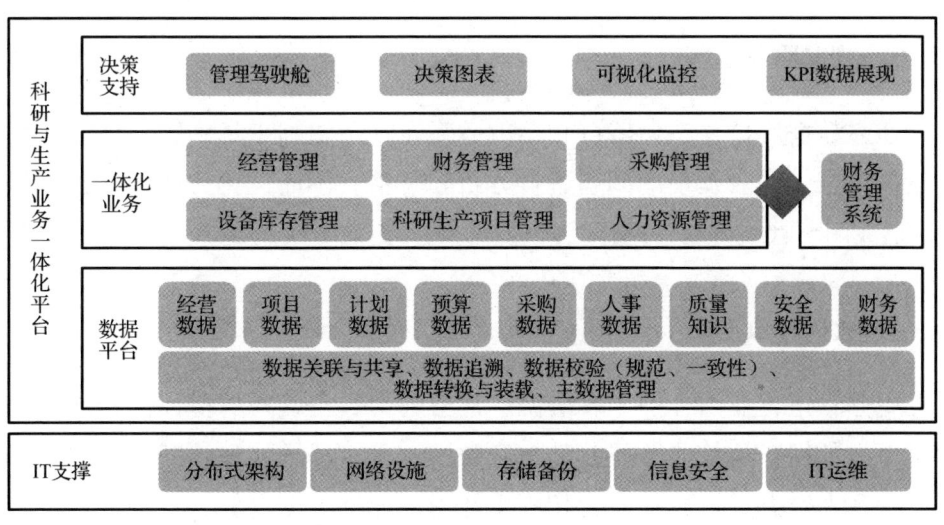

图 3-2　BIS 平台整体框架

BIS 平台的开发和设计显著增强了各部门之间的信息交流，提升了核动力研究所的管理水平和效率。该平台实现了数据的规范化、业务流程的规范化，以及信息处理流程的规范化，并统一了科研、生产、供应和销售四大主数据，为迅速发展的新型电力行业树立了数据运营体系的典范。

因此，新型电力数据基础运营体系可以从以下几个方面进行构建。

1．数据资源运营

动态维护、发布和管理数据资源目录和负面清单，监控数据资源的变化，并规范数据稽核。利用数据血缘分析工具，将分散和孤立的数据转化为集中和共享的数据，并开放给各部门和基层单位，以便他们快速查询、定位和应用数据。

2．数据共享运营

基于数据资源盘点结果，利用智能识别技术动态维护数据共享负面清单，并依托公司级数据需求响应机制和内部数据共享应用机制，实现数据共享，推动公司内部数据的高效流通。

3．数据质量运营

建立数据质量常态化监测和治理体系，利用治理工具和智能规则进行数据质量核查，并对发现的问题进行分析和整治。不断优化智能规则和治理工具，形成闭环管理机制，提升数据质量，确保为业务应用提供可靠的数据支持。

4．数据开放运营

充分利用企业内外部专家资源，建立公司数据资产价值评估标准体系。研究电力数据开放策略，规范数据开放的流程、需求统筹管理和外部交易合作，提升大数据分析技术能力和应用能力，挖掘数据价值，推动数据在线应用，发挥数据在提高效率、服务质量和创新管理中的作用。

3.4.2 服务产品运营体系构建

服务产品运营是指一切为提升数据服务或产品质量的工作。根据数据特性和产品定位，服务产品可以针对不同的对象，如数据资源、数据产品、数据服务和支撑服务。服务产品运营的关键领域包括用户需求分类与分析、服务产品迭代优化，以及服务产品使用评估。

（1）用户需求分类与分析：收集用户在使用数据时遇到的问题，深入挖掘用户在数据使用和运营管理方面的需求，包括对数据资源、数据产品、数据服务和支撑服务的需求分析，为服务产品的改进提供指导。

（2）服务产品迭代优化：根据用户需求和产品定位持续改进服务产品。针对数据使用者，主要从数据使用环境、数据展示、资源检索和服务订阅等方面进行改进。对于数据运营人员，则着重于基础数据管理、数据服务发布、服务闭环管控和数据使用分析等方面的持续升级。同时，采用创新的产品化思维，从运营模式和盈利模式等角度评估数据的融合价值，开发数据应用服务及相关产品；通过加快与政府需求的对接，研发既满足实际需求又具有生命力的数据服务产品。

（3）服务产品使用评估：建立服务产品使用监测指标体系，通过指标数据分析识别用户使用服务产品过程中的困难和痛点，及时优化产品功能，从而提升用户体验和增强用户黏性。

3.4.3 在线数据质量闭环管控

数据质量闭环管控涉及一系列在线操作流程，包括数据质量规则配置、自动校核、报告生成、问题溯源、责任确认、处理跟踪及评估分析。这一过程旨在建立一个数据质量的在线监测系统，实现对数据质量全生命周期的闭环管理，从而推动数据质量的持续改进。数据质量框架的研究始于 20 世纪 80 年代，然而受行业特性差异和数据环境复杂性的影响，目前尚未形成统一的标准化框架。

针对电力行业信息系统的特性和数据质量管控的需求，研究者在数据质量管理的关键过程（包括定义、度量、分析和提升）的基础上进行了系统性分解和细化，特别强调了数据质量闭环管理的重要性。研究者提出了一种数据质量闭环管控框架（见图 3-3），该框架包含 6 个步骤：一是收集并制定指标数据质量校验的业务规则和技术标准；二是制定适用于源系统和数据仓库的数据质量分析方法，进行数据剖析；三是设计和发布数据质量报告，反映数据质量现状及存在问题；四是追踪并督促相关责任部门和责任人落实问题整改措施；五是开展数据质量的考核与评价，评估数据质量改进的情况；六是建立数据质量监控机制，实现数据质量监控的常态化。

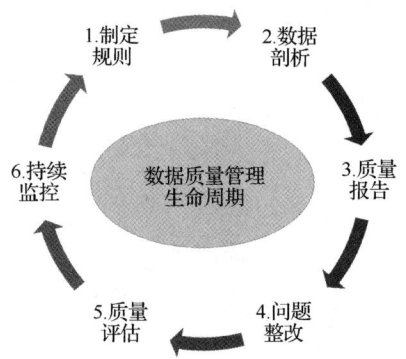

图 3-3　数据质量闭环管控框架

在线监测系统借鉴了通化供电公司提出的电能质量在线监测系统的设计，采用三级架构体系，由主站系统、通信信道和监测设备 3 部分组成。主站系统包含通信服务器、数据库服务器、WEB 服务器、配套设备和相关系统的数据接口等核心组件；通信信道支持 TCP/IP 局域网、PSTN 电话、GPRS 等多种数据通信方式；监测设备则主要由数据质量监测终端构成。

通过部署在线监测系统，数据质量管理的效能将得到显著提升，主要体现在以下 3 个方面。

（1）系统具备实时监测和数据统计存储功能，可及时发现监测点的电力数据质量问题或指标异常，并在地图上展示告警提示。事件信息和指标统计结果将被保存到数据库中，为后续的数据质量管理分析提供依据。

（2）系统支持多种通信方式的远程组网，允许用户通过浏览器进行远程实时监测、数据采集和参数设置。

（3）系统采用多线程技术，实现了通信传输、界面显示和数据处理的同步进行，支持多任务并行处理。这种架构设计确保了系统能够快速处理海量数据，并在启动其他任务前无须等待特定程序执行完毕。

3.4.4 数据治理规范体系构建

数据治理是指对数据资源及其应用过程中的相关活动、绩效和风险进行管理的集合。通过建立数据治理规范体系，可以确保数据的运营合规性、风险控制和价值实现。数据治理规范体系主要涵盖 4 个部分：顶层设计、数据治理环境、数据治理域和数据治理过程。

在顶层设计方面，数据战略规划应与业务规划保持一致，数据架构设计应遵循一体化、智能化的企业级数据平台（EDP）的统一架构标准，以实现数据的全方位贯通与融合，确保新型电力系统的核心要素"可观、可测、可控、可用"。

在数据治理环境方面，应适应电网企业内外部环境的变化，遵守法律法规、行业监管、内部风险控制，以及数据安全和隐私保护的要求。

在数据治理域方面，数据治理域根据应用维度不同，分为数据管理体系和数据价值体系两大体系。数据管理体系主要包括数据标准、数据质量、数据安全、元数据管理和数据生命周期等方面的治理；数据价值体系则主要涉及数据流通、数据服务和数据洞察等。

在数据治理过程方面，主要包括 4 个阶段：统筹和规划、构建和运行、监控和评价、改进和优化。统筹和规划阶段需要明确数据治理的目标和任务，并做好实施准备；构建和运行阶段涉及建立数据治理的实施机制和路径，确保有序运行；监控和评价阶段主要是对数据治理过程进行监控，对治理绩效、风险和合规性进行评价，确保实现数据治理目标；改进和优化阶段则是对数据治理方案进行改进，优化实施策略、方法和流程，促进数据治理体系的完善。

国网安徽省电力公司合肥供电公司运用六西格玛（Six Sigma，6σ）原理对数据治理提出了建设性意见。六西格玛是一种旨在严格、集中和高效地改善企业流程管理质量的原则和技术，它追求"零缺陷"的完美商业目标，旨在通过大幅降低质量成本，实现财务成效的提升和企业竞争力的突破。其实施步骤包括定义、测量、分析、改进和控制。

六西格玛延伸到数据质量管理方面，一般采用十步数据质量管理方法：

（1）定义和明确问题、时机和目标，为数据质量管理工作的开展提供指导。

（2）收集和整合相关数据和信息环境，设计用于捕获和评估的方案。

（3）基于数据质量的维度对数据质量进行综合评估。

（4）运用各种技术手段评估数据质量不佳对业务造成的影响。

（5）确定导致数据质量问题的根本原因，并量化这些原因对数据质量的影响程度。

（6）提出改进建议，制订数据质量提升方案，涵盖数据级别和组织级别。

（7）采取数据错误预防措施，并解决现有的数据问题。

（8）通过优化组织管理流程，减少因管理缺陷导致的数据质量问题。

（9）对数据和管理进行实时监控，确保改善效果的持续性。

（10）保持内部沟通的有效性，定期评估组织管理流程，确保数据质量改进成果的有效维持。

基于六西格玛的原则和技术，结合十步数据质量管理方法，可以开展以业务为导向、以数据为依据的数据治理体系研究和实践，从而建立长效的数据治理机制，为业务应用和决策分析提供高质量的数据支持。

随着电网系统数据来源的不断扩展，省级电网公司在数据治理中需要有效利用大数据技术，以便设计个性化的客户服务方案，推动电力产品的创新和发展。尽管大数据技术为省级电网公司的数据治理提供了强有力的支持，但在实际应用中，公司面临诸多挑战，如在大数据价值的挖掘和利用方面仍处于初级阶段，数据治理方法较为粗放，数据处理人员主要依赖报告和表格进行初步统计，缺乏深入的对比研究和关联性分析。此外，省级电网公司在数据挖掘技术的应用上还处于试用阶段，无法在电网服务范围内广泛推广，这限制了智能化电网的发展。随着智能电网的深入发展，非结构化数据的比例逐渐增加，大部分数据都保存在本地系统中，数据资源过量等可能导致数据治理难度的增加。

针对这些问题和现状，数据治理规范体系的构建应从以下几个方面着手：

（1）数据治理目标：将组织的数据治理目标概括为运营合规、风险可控、价值实现三个层面，组织应根据自身的业务需求来选择相应的目标。在安全合约的基础上构建数据价值实现体系，促进数据资产化和价值实现。

（2）数据治理框架：数据治理框架应包括顶层设计、数据治理环境、数据治理域和数据治理过程4个部分。组织在进行数据治理时，应调研和评估内外部的业务需求、技术环境和竞争环境，并在此基础上设计数据战略，包括愿景、目标和蓝图。

（3）数据治理域：数据治理域根据应用维度不同，分为数据管理体系和数据价值体系两大体系。数据管理体系涉及数据标准、数据质量、数据安全、元数据管理和数据生命周期等方面的工作。数据价值体系则聚焦于数据流通、数据服务和数据洞察等方面。

（4）数据治理实施：数据治理的实施方法应包括统筹和规划、构建和运行、监控和评价、改进和优化4个步骤，以确保数据治理的有效执行和持续改进。

3.4.5　基层数据应用生态打造

以数据为核心的数字化转型思想已经深入各个行业，大数据的应用在众多领域特别是高度信息化的电力行业中取得了显著成果。然而，随着数据资源的广泛应用，一些新问题也随之而来：

（1）数据技术人员短缺：具备数据知识、能够有效利用数据的专业技术人才不足，阻碍了数据技术的发展。

（2）数据管理与运用认识不足：企业对数据的管理和运用缺乏深入理解，未能将数据思维融入日常运营管理中。例如，部分部门将数据资产管理视为技术工作，而非企业资产，跨部门协同不足。

（3）数据应用能力不足：工作人员在数据挖掘和专业分析方面的能力有限，数据分析仍停留在基础统计层面。

（4）缺乏数据共享平台：企业级数据共享服务平台尚未建立，数据资源整理不足，导致对数据资源的了解不足。

（5）数据质量意识不强：工作人员在数据输入和处理过程中不够严谨，导致数据错误和缺失，影响数据真实性。

（6）数据安全意识不足：员工对数据安全的重要性认识不足，未能采取适当的安全措施，如数据加密和隐私保护等。

为解决这些问题，需要探索在数字化引领下的新体系所需的文化理念，强调数字技术的运用，提升数字认知、思维和手段在日常工作中的重要性，主要建议如下。

1）宣传数据文化理念

打造数据文化，核心在于转变观念，而提升企业对数据的认知，必须统一企业的思想观念。企业文化中可以利用多种渠道，如微信群、公众号、微视频、快手、抖音、报刊、文化墙和宣传栏等，向全体员工普及这一理念。例如，可以定期制作并发布数据工作简报，通过自动化办公软件、行业报纸、电子邮件等内部途径，将数据工作的最新动态、领导批示、相关政策、工作进展和数据应用的成功案例等内容传达给员工。在此基础上，可以提出一种创新且有价值的数据资产管理模式，以促进数据文化的深入发展。

2）加强数据知识学习

通过多种学习形式，如专题讲座、知识竞赛、视频会议、党建学习和晨会等，对数据基础理论、应用案例和大数据产品进行学习。例如，可以定期举行全行业的数据治理研讨会，邀请数据治理领域的专家、一线数据工作人员和基层员工分享他们的经验和见解，内容包括数据治理的最新理论、数据质量问题的解决经验、数据挖掘技术的应用案例，以及在日常业务中遇到的与数据相关的问题。这些活动旨在激发员工的学习热情，营造积极的学习氛围，提升员工的数据素养，并将数据文化的理念转化为职业信仰，最终促使员工将理念付诸实践。

3）提高数据人才队伍比例

应建立和完善选拔和认证机制，为不同岗位和级别的员工提供针对性的培训和认证。此外，应将数据文化培训作为年度培训计划的重要组成部分，并加强培训的管理和效果评估。例如，可以创建数据专业人员的技术发展路径，实施专业序列的考试，以明确职业发展的方向。在招聘新员工时，应优先考虑数据相关专业的人才，如大数据科学、数据挖掘等专业，并适度向业务部门的数据岗位倾斜，以增加业务部门的数据人员配置，从而培养出既精通技术又理解业务的复合型数据人才。

4）开放数据共享平台

确立"以事实为依据，以数据驱动决策"的文化，确保员工能够接触和获取数据，防止数据孤立，并确保数据的最大化利用。为此，建立一个数据共享平台至关重要，该平台应向所有岗位和级别的员工开放，使员工能够随时访问准确的信息。例如，构建一个数据资产管理平台，向全体员工开放，使用户能够轻松地检索、应用和理解数据，从而满足他们对数据的即时性需求。通过这种方式，员工将更加熟练和热情地利用数据来解决工作中的实际问题。这种持续的数据访问权限将提高员工的数据素养，并鼓励他们在日常工作中有效地利用数据。

5）制定数据奖惩机制

强化绩效管理并制定与数据利用相关的奖惩制度，以激励员工运用技和工具解决业务问题,增强他们对数据的运用意识。对于那些能够有效利用数据推动业务成长的员工,应给予奖励,以此树立一个榜样。同时,应培育一种文化,强调数据的真实性和客观性。对于在数据录入、采集和应用过程中出现质量或安全问题的员工,应实施必要的惩罚,以促使其遵循规定和科学地使用数据。例如,企业可以设立年度优秀员工奖项,表彰那些积极运用数据并做出贡献的员工,以及提出并被采纳的优秀建议。对于违规或违法行为,应及时进行相应的纪律处分。通过对员工基于数据行为的奖惩,可以有效促进文化的转变。

第4章 | Chapter 4

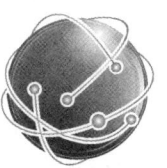

数据共享与应用机制实施路径

4.1 公司数据管理组织制度

构建一个标准化、精细化的数据管理机构制度，确保公司能够有效管理和利用新型电力系统的数据资源，为电力系统的运行与管理提供即时、精确的支撑。同时，通过促进数据之间的流通与交换，提高电力系统的整体运行效率。

4.1.1 数据运营组织

公司的数据管理体系以领导层为核心，各业务部门为主体实施单位，各业务部门中的数据管理部门负责具体操作，目的是消除数据共享和应用过程中的跨部门障碍。

公司领导作为数据管理的核心推动力量，负责数据管理战略的制定与执行，确保数据在公司内部的全面有效管理，并致力于培育和发展数据文化。

各业务部门是数据管理和数据驱动决策实施的关键环节。各业务部门内设数据管理部门，负责监控、收集、整理和维护本部门的数据资源。数据管理部门的职责主要包括保障数据质量、可靠性和完整性，通过建立标准化的数据管理流程和系统来实现这一目标。同时，各业务部门还需将数据管理的最佳实践传达给员工，并提供相应的培训和支持，以推动数据驱动的决策和业务发展。

在数据驱动的企业文化中，消除部门间的信息差至关重要。为此，公司的数据管理体系致力于打破不同业务部门之间的屏障，通过跨部门数据共享政策和流程的制定，以及统一的数据存储和访问平台的构建，使员工能够方便地获取和共享数据。此外，公司通过组织跨部门的数据管理会议和培训活动，促进各部门之间的交流与合作，实现组织范围内的数据互通。

这种组织架构和管理模式确保了公司数据的优质性、可靠性和及时性，为业务决策提供了坚实基础。在公司领导的带领和各业务部门的共同参与下，数据管理体系将更有效地推动公司的数据驱动决策，为公司的长期发展提供坚实支撑，具体数据管理组织架构如图 4-1 所示。

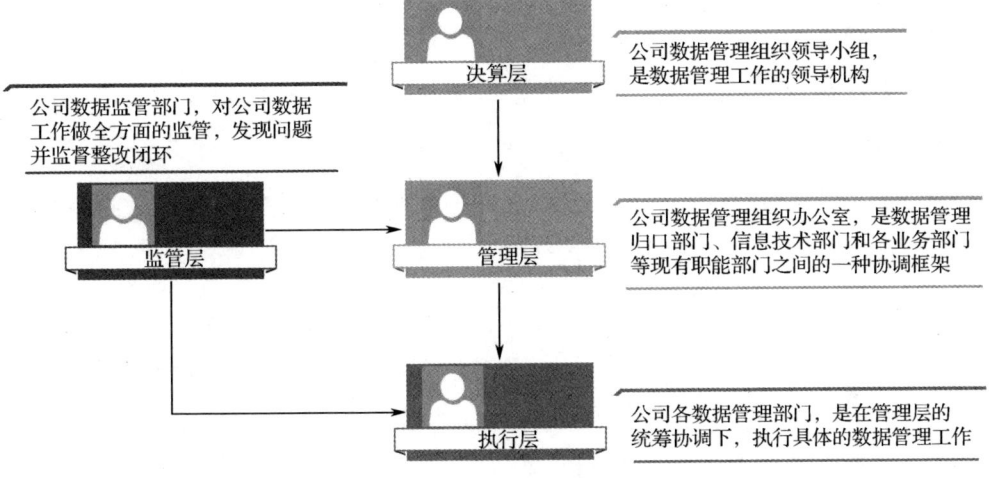

图 4-1　数据管理组织架构

1．数据监管部门

数据监管部门的职责主要包括：

（1）制定数据管理政策和标准，确保数据管理活动的一致性和合规性。

（2）监督数据管理合规性，定期审计和检查以确保数据管理活动符合法律法规和行业标准。

（3）风险管理和隐私保护，评估和管理数据相关风险，确保数据隐私和安全得到充分保护。

数据监管部门与数据管理组织领导小组、办公室，以及各数据管理部门之间的合作至关重要。他们共同制定和调整数据管理战略，确保数据管理的方向与公司战略一致。他们还确保数据管理流程和活动符合规定，并提供必要的资源和培训支持，共同保护数据的隐私和安全。

2．数据管理组织领导小组

数据管理组织领导小组是一个高层团队，负责制定数据管理战略和指导

组织的整体运作。数据管理组织领导小组的职责包括:

(1)制定数据管理战略,确保其与公司的长期发展目标和愿景保持一致,并推动数据管理的创新和变革。

(2)提供指导和支持,促进数据管理组织的协调和一致性,并确保数据管理活动与企业战略紧密配合。

(3)决策和资源分配,负责做出重要的数据管理决策,并为数据管理组织分配合适的资源,以推动数据管理的有效实施。

数据管理组织领导小组与数据监管部门、数据管理组织办公室和各数据管理部门之间有着紧密的联系。他们向数据监管部门汇报数据管理策略的执行情况和合规性,与数据管理组织办公室合作制定数据管理的细节流程,与各数据管理部门合作推动战略的实施。

3. 数据管理组织办公室

数据管理组织办公室是整个数据管理组织的核心中枢,负责执行和维护组织的日常运作。该办公室的主要职责涵盖以下几个方面:

(1)组织管理与协调:数据管理组织办公室负责搭建和维护数据管理组织的结构框架,确保各部门之间的沟通畅通和协作顺畅。他们提供必要的支持和服务,以促进数据管理计划的顺利执行。

(2)资源与能力建设:该办公室负责识别和提供数据管理所需的资源,包括人员、资金、技术等,并负责组织和实施培训,以提升数据管理团队的专业能力和技能水平。

(3)监督与报告:数据管理组织办公室对数据管理活动的执行情况进行监控,追踪数据管理项目和关键指标,并向领导小组提供定期报告和决策支持信息。

数据管理组织办公室在数据管理组织中起着纽带作用。他们与数据监管部门协作,确保数据管理活动符合法律法规和内部规定。同时,他们与数据管理组织领导小组紧密配合,协助实施数据管理战略。此外,他们还负责协调和支持各个数据管理部门的运作和发展，确保整个组织的高效运转。

4．各数据管理部门

各数据管理部门与数据监管部门、数据管理组织办公室和数据管理组织领导小组之间存在密切的合作关系。他们与数据监管部门合作，确保数据管理实践的合规性和安全性；与数据管理组织办公室合作，获取资源和支持，推动数据管理项目的实施；与数据管理组织领导小组合作，衔接业务需求和数据管理的关系，确保数据管理活动与企业策略保持一致。

各数据管理部门作为数据管理组织的关键执行单位，承担着数据管理活动和项目的具体执行工作。其主要职责包括：

（1）数据收集与处理：数据管理部门负责从新型电力系统中采集数据，并对这些数据进行处理，确保其准确、一致和完整。

（2）数据分析和应用：运用数据分析技术和工具，从数据中挖掘有价值的见解，并将这些见解应用于电力系统的优化和决策过程。

（3）数据质量与安全保护：数据管理部门负责维护数据的质量控制和安全保障，确保数据的准确性、可靠性和保密性。

（4）支持业务部门：与业务部门协作，理解其需求，并提供相应的数据支持和解决方案，以辅助业务决策和日常运营。

4.1.2 组织工作流程

公司的数据管理组织遵循以下工作流程：每月举行一次月度会议，会议的主要内容是讨论和解决由数据管理组织办公室、数据管理小组，以及数据管理专项工作组提出的三项数据清单问题，包括问题清单、需求清单和反馈清单。数据管理组织办公室负责收集问题清单，并将其提交给领导小组。领导小组定期召开会议，共同讨论并处理这些问题，并提供反馈意见。数据管理组织办公室负责跟踪执行这些反馈意见，并对执行情况进行考核，工作流程如图 4-2 所示。

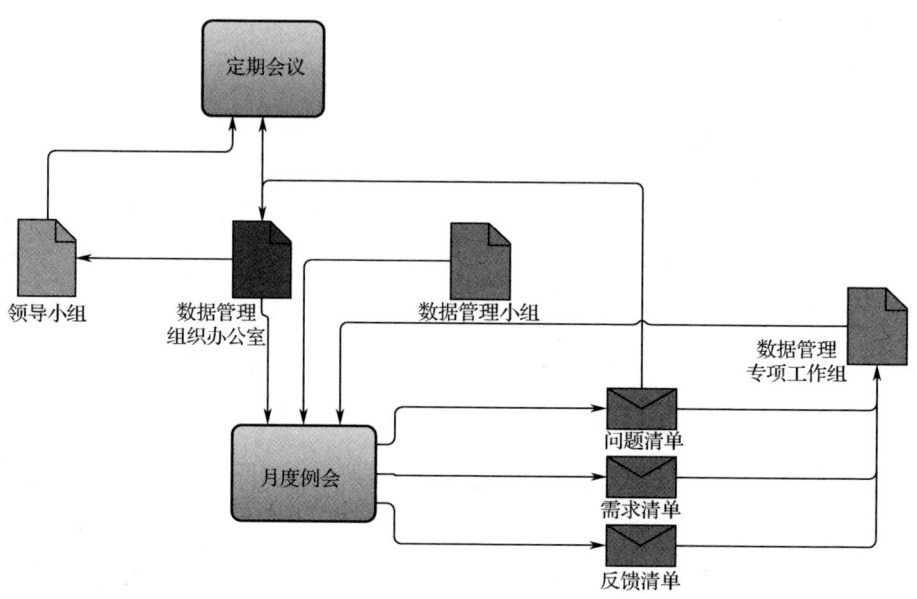

图 4-2　工作流程

4.1.3　共享安全管理

在数据共享的安全管理领域，数据管理部门担任主导角色，与业务部门协作，共同拟定数据共享的审批流程。首先，数据需求方要提交数据共享的申请。其次，业务部门会对这些申请进行审核，评估数据共享的目的、内容、使用方法，以及必要的保密措施等。最后，数据管理部门作为统一的管理和审核机构，会对业务部门的审核结果进行复核。只有当数据满足共享条件时，才能通过审批。数据使用者在获得数据共享权限之前，必须签订安全保密协议，以确保数据被恰当使用并得到保护。

一旦数据使用者签订了安全保密协议，数据中台作为数据共享服务的提供者，将向使用者提供所需的数据服务。数据中台负责数据的存储、传输和监控，确保数据的安全性和完整性。通过这样的数据共享安全管理机制，公司能够保证数据共享的合规性，有效保护敏感信息，并促进数据的合理应用和业务增长。

以审批流程和安全保密协议为基础的数据共享管理模式，有助于打造一个安全的数据共享环境，确保数据的机密性、完整性和可用性。在此基础上，数据共享能够为公司创造更多的商业价值，并支撑业务决策的制定与执行。

4.2 数据治理体系建设

在数据驱动时代的现代企业中，数据治理扮演着至关重要的角色。数据治理涉及数据从收集到存储、处理、分析及应用的整个生命周期中的规范、标准和流程制定，其目标在于保证数据的准确性、一致性、安全性和可靠性。实施数据治理能够助力企业高效管理其庞大的数据资源，进而支撑战略决策、增强运营效能并激励创新。

在数据治理体系中，数据质量管理和数据一致性保障是核心，包括采用标准化的方法提升数据质量，并确保数据在不同系统和部门间的统一性。数据安全和隐私保护技术是保障电力系统数据安全与用户隐私的关键技术。以数据为中心的组织架构和业务流程优化是为了确保数据治理体系的高效运作，促进跨部门合作和数据共享。数据标准化和元数据管理为数据治理打下坚实基础，企业通过制定数据标准和有效管理元数据，确保数据的一致性、可靠性和可访问性。总的来说，这四个方面相互依存、相互强化，共同构成了一个全面的数据治理体系，助力企业更好地管理和运用数据，推进业务成长与创新。数据治理体系如图 4-3 所示。

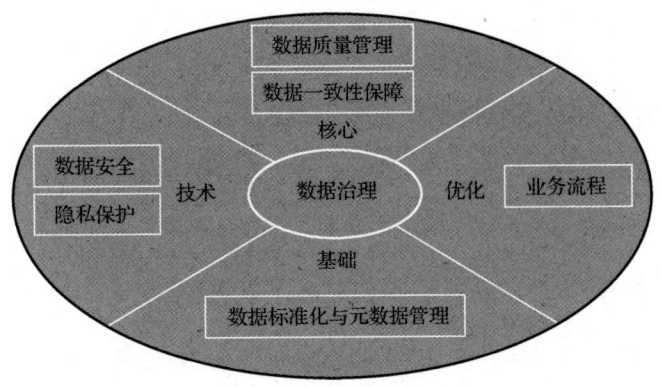

图 4-3 数据治理体系

4.2.1 数据标准化管理

1. 数据标准化的价值

数据标准化是指制定和执行统一的数据结构、格式和规范,以确保数据在不同系统、部门和组织间的一致性、可比较性和互操作性。数据标准化的价值主要体现在以下几个方面:

(1)确保数据一致性:数据标准化有助于确保不同来源的数据具有统一的定义和格式,减少数据混乱和冲突,从而提高数据一致性,使数据比较和分析更加准确。

(2)促进数据集成与共享:数据标准化简化了不同系统、部门和组织间数据的集成和共享过程,降低了数据集成的复杂性,促进了数据的流通性,提升了整个电力系统的协同工作能力和效率。

(3)增强决策支持:数据标准化为决策制定提供了坚实基础。不同团队和部门能够使用统一的数据标准进行分析和评估,这增加了决策的科学性、准确性和可信度。

(4)提升未来拓展性:数据标准化不仅提高了数据的可扩展性和互操作性,而且使电力系统能够更好地适应未来的技术发展和业务需求,如提升系统变化和创新的灵活性。

2. 元数据管理的重要性

元数据是数据的描述性信息,它包含了数据的属性、定义、关联及应用细节。元数据管理涉及对元数据的有序管理和维护,以确保用户有效理解和应用数据。元数据管理的重要性体现在以下几个方面:

(1)提升数据的可理解性:元数据提供了数据的解释和背景信息,使数据更容易被用户理解和应用。通过有效管理元数据,用户能够迅速掌握数据的含义、来源和可靠性等关键信息,从而增强对数据的认知和利用效率。

（2）优化数据质量管理：元数据管理有助于增强数据质量管理的效果。通过元数据定义和维护数据质量标准，可以保证数据的精确性、完整性和一致性。

（3）支持数据治理与合规性：元数据管理是数据治理和规范化的关键要素。通过元数据管理，可以确保数据遵循既定的规范、满足合规性要求。元数据提供了对数据来源、处理过程和使用方式的追溯和审计能力，有助于企业数据管理流程符合各种法规和标准的要求。

（4）增强数据血统与分析信任度：元数据管理有助于追踪数据的起源和演变历史。这对于数据分析和问题解决至关重要，可以提高数据分析的可信度和准确性。

3．元数据管理的实施方法

（1）明确元数据管理的目标和范围：确立元数据管理的具体目标和涵盖范围，包括确定需管理的元数据种类，如数据表、字段、业务规则等，以明确管理策略和方法。

（2）制定元数据的分类体系和结构：基于管理目标和范围，制定元数据的分类体系和结构，确立元数据的层次、结构、属性及相互关系，有助于实现有序和可操作的元数据管理。

（3）设定元数据管理的流程和责任：建立元数据管理的流程和责任分配，定义创建、采集、维护、变更和验证等环节，并为每个环节指定责任人和角色，以避免混乱和冲突。

（4）选择合适的元数据管理工具：依据需求和预算，选取合适的元数据管理工具，如元数据的采集、存储、搜索和分析工具，以自动化和简化元数据管理过程，提升效率和精确性。

（5）收集和录入元数据：为了构建全面的元数据库存，需要系统地收集和录入元数据，包括手工录入、自动化采集和数据源集成等，并确保准确性和一致性。

（6）定期更新和维护元数据：由于元数据是动态的，需要定期进行更新和维护，包括修复错误、跟踪变更历史记录，以及根据业务需求和数据变化进行更新。

（7）提供便捷的元数据访问和查询方式：为用户搭建易于访问和查询元数据的平台，如元数据目录、搜索工具和数据字典等，使用户能够轻松地获取所需的元数据。

（8）建立元数据管理的治理和监控机制：确立元数据管理的治理框架和监控机制，确保管理的有效性，包括制定政策、设立管理团队和委员会，以及定期评估管理效果。

4.2.2 数据质量管理

数据质量管理是确保数据准确性、完整性和一致性的一系列措施和活动。通过规范化的数据采集、清洗和验证方法，可以有效提升数据质量。在数据采集阶段，需要确保数据来源的准确性和完整性，防止数据在采集过程中出现误差和丢失。在数据清洗阶段，通过删除重复值、处理缺失数据、纠正错误数据等操作来提高数据的质量和可靠性。在数据验证阶段，使用验证规则和算法来检测数据的正确性，确保数据符合预设的规范和标准。在数据质量监控与评估阶段，需要持续监控和评估数据质量，以及时发现并解决问题，从而提高数据的可信度和可用性。

1．数据采集与清洗

数据采集是确保数据来源准确性和完整性的关键环节。在数字化时代，数据采集变得越来越重要，因为组织和企业需要从各种渠道获取数据来支持决策和业务发展。数据采集的有效性和可靠性对后续的数据分析、挖掘和应用至关重要。在数据采集过程中，需要选择合适的和高质量的数据源。这些数据源可以来自内部的各个系统或外部数据供应商。与数据供应商建立合作关系，可以获得可信度高、数据质量较好的数据源。例如，与政府机构、专业数据公司或行业协会合作，获取经行业标准和经验证实的数据，以支持组织和企业的决策和发展。制定数据采集规范是确保数据采集过程中遵循统一标准的关键步骤。一套统一的数据采集规范可以确保数据被正确和一致地记录和传输,包括确定数据结构、数据格式、命名规则和数据字典等方面的标准。通过统一的数据采集规范,可以避免因数据格式不一致或数据命名混乱而导致的数据集成和分析困难。

数据清洗是数据处理流程中的一个关键步骤,它涉及多个操作,目的是提升数据的质量和可靠性。这些操作包括识别并删除重复数据、处理数据中的缺失值,以及发现、纠正数据错误。删除重复数据可以避免分析结果受到冗余信息的影响,确保结果的准确性。对于缺失数据,可以通过插值或其他统计推断方法来填充,以减少缺失数据对整体分析造成的影响。此外,应用校验算法和异常值检测技术,可以识别并修正数据中的错误,确保数据的准确无误。为了提高数据清洗的效率和减少人为错误,可以使用专业的数据清洗工具和脚本进行自动化处理。同时,统计分析和机器学习算法的应用也有助于识别并处理异常值和离群点,进一步提升数据的整体质量。

为确保数据采集和清洗的质量,应遵循以下步骤:

(1)制定数据采集规范:制定一系列统一的数据采集规范,详细定义数据结构、格式、命名规则及录入标准。这些规范应参考行业标准和最佳实践,并与数据源的特点及预期用途相协调。

(2)实施数据去重:应用去重技术来识别和移除重复的数据记录。其可通过比较多个字段来实现,以确定并消除冗余数据,从而提升数据存储的空间效率和分析的精准度。

(3)处理数据缺失值:采用适当的方法来处理数据中的缺失值。例如,使用插值技术(如线性、多项式插值或均值填充)来根据邻近数据推断缺失值,或者利用机器学习算法预测和填充缺失数据。

(4)数据错误校正:运用数据验证技术和校验规则来发现并修正错误数据。这涉及设定一系列校验规则和算法,用以检查数据是否遵守特定范围、模式或逻辑,以确保数据的准确性。

（5）文档化数据清洗过程：详细记录数据清洗的每个步骤、采用的方法和理由。这不仅有助于团队成员之间的交流和协作，也为未来回顾和优化数据清洗流程提供了参考。

在构建面向新型电力系统的数据管理与价值应用体系时，数据采集规范和清洗扮演着至关重要的角色。遵循统一的数据采集规范，并对数据进行去重、处理缺失值和纠正错误等清洗工作，对于确保数据的准确性和完整性至关重要，也为后续的数据分析与应用奠定了可靠的数据基础。

2．数据验证

在数据验证阶段，必须应用数据验证规则和算法来确保数据符合既定的规范和标准。首先，制定数据验证规则和算法是实施数据验证的基础。这些规则应基于业务需求、技术规范、法规要求等制定。例如，在电力系统中，可以制定规则来检查传感器数据是否符合特定的范围、频率和精度要求。其次，在数据验证过程中，应使用适当的算法。例如，范围验证可以采用数值比较算法，精度验证可以通过与标准值或检定设备的比较来完成，频率验证可以利用时间序列分析方法，而异常值检测则可以通过统计学方法或机器学习算法来实现。

以下是一些具体的验证步骤：

（1）数据范围验证：确保数据位于预定的范围之内，例如对电流、电压等数值进行检查。

（2）数据精度验证：通过与标准值或其他校准设备数据的对比，评估数据的测量精度是否达标。

（3）异常值检测：运用统计学方法或机器学习算法来识别和剔除异常值，以维护数据的准确性。

（4）数据逻辑性验证：检查数据是否符合预设的逻辑规则和依赖关系，以保证数据的一致性和完整性。

通过以上数据验证步骤，系统可以及时发现并解决数据中的问题，确保数据的准确性和有效性。这为后续的数据分析、预测和决策提供了坚实可信的数据基础,进而提升新型电力系统的运行可靠性和效率。

3. 数据质量监控与评估

在数据质量监控与评估阶段,关键是要建立一套数据质量监控机制。它能够定期对数据进行评估和监控,以便及时发现并解决数据质量问题,确保数据质量保持在可接受的水平。数据质量监控与评估主要包括以下几个步骤:

(1)定义数据质量指标。针对新型电力系统,需要明确定义一套数据质量指标。这些指标是衡量数据质量的标准,如准确性、完整性、一致性和时效性等。这些指标应基于业务需求和实际情况,能够真实反映数据的质量水平。

(2)建立数据质量监控系统。构建一个数据质量监控系统,用于收集、存储和处理数据质量监测的结果和相关数据。这需要一个合理的数据存储和管理架构,包括数据库、数据仓库或数据湖,以及相应的数据质量监控工具和技术。

(3)进行数据质量监测与评估。利用数据质量监控系统,定期对数据质量进行监测和评估,包括运用监控指标、异常值检测和趋势分析等方法来识别数据质量问题。例如,可以根据预先定义的指标,检查数据是否满足相应的质量要求、是否存在异常值或趋势变化等。

(4)发现并解决数据质量问题。一旦检测到数据质量问题,需要及时采取措施解决。对于不符合质量要求的数据,可以采取纠正措施,如数据清洗、数据补齐、数据纠错等。同时,还需要记录和追踪数据质量问题,并进行问题分析和实施解决方案。

(5)生成数据质量报告与反馈。根据数据质量报告,向合作者提供数据质量的评估结果和建议,包括定期的数据质量报告、数据质量仪表盘和数据质量指标的可视化展示。数据质量的监控和报告可以帮助用户了解数据质量状况,并采取相应的改进措施来优化数据质量管理。

在数据质量监控与评估阶段，应关注以下几个关键点：

（1）监控频率与时效性：数据质量监控应定期进行，以确保及时发现并处理问题。这种即时性有助于防止数据质量问题对数据分析和服务产生负面影响。

（2）灵活性与可扩展性：监控和评估机制必须能够适应不同类型和规模的数据，并随着业务需求的变化而调整，以保持数据的有效性和适应性。

（3）自动化与智能化：利用自动化和智能技术，如人工智能和机器学习，可以提高数据质量监控的效率和精确度。这些技术有助于系统快速识别异常值和趋势变化，从而加速数据质量的判断和反馈。

通过建立数据质量监控与评估机制，系统可以定期对数据进行评估和监控，及时发现并解决数据质量问题。这有助于确保电力系统数据的准确性、完整性和一致性，进而提升数据的可靠性和可用性，为数据管理和价值应用提供坚实可靠的数据基础。

4.2.3 数据一致性维护

1. 数据质量度量和报告

数据质量度量和报告是维护数据一致性的重要环节。其目标是构建一个全面、可衡量的数据质量度量指标体系，包括准确性、完整性、可靠性和时效性等指标，以便持续追踪和改进数据质量管理的效果。

度量方法应基于适当的技术手段，如统计分析、数据挖掘和模型构建，以便对数据质量进行量化评估。同时，利用数据质量度量工具和平台自动地收集和处理度量结果。首先，建立数据质量度量指标体系，将各项指标有机结合，形成一个全面、可衡量的体系。根据重要性和权重对这些指标进行分类，并提供相应的度量标准和计算方法。其次，定期根据度量指标体系对数据质量进行度量和跟踪，收集和分析数据质量，计算具体指标的数值，并进行比较和趋势分析，以掌握数据质量的发展态势。最后，根据度量结果，生成详细的数据质量报告，进行深入分析和解读。报告应提供指标的具体数值和趋势，以及针对质量问题的建议和改进措施。这样的报告有助于相关方了解数据质量现状，并进行管理和改进。

数据质量度量和报告不仅有助于量化和追踪数据质量，还能提高数据管理的透明度和可信度，引起更多的关注和重视。数据质量度量和报告能够提升数据的准确性、完整性和时效性，为新型电力系统的数据管理和价值应用奠定坚实可信的数据基础。

2．数据质量培训和意识提升

数据质量培训和意识提升是确保数据一致性的关键环节，涵盖以下 5 个主要方面：

（1）培养数据质量意识。通过教育和培训活动，使员工深刻理解数据质量对企业决策和运营的重要性，包括介绍数据质量的基础知识、数据质量对企业的影响，以及激发员工在数据质量方面的自我意识和责任感。

（2）传授数据质量管理知识。教授员工必要的数据质量管理技能，涵盖评估、监控、数据清洗和质量改进的技术，以及进行数据质量检查和验证的流程。培训的目标是让员工掌握数据质量管理的基本原则和操作技巧。

（3）明确角色和责任。界定员工在数据质量管理中的具体角色和责任，因为不同岗位的员工在数据的收集、处理和应用过程中扮演着不同的角色。明确责任有助于推动员工积极参与数据质量管理，并营造一种协作和共同维护数据质量的工作环境。

（4）分享案例和促进交流。通过分享具体的数据质量管理案例和经验，促进员工之间的知识和经验交流。这有助于员工从实际问题中学习，并了解数据质量管理面临的挑战和解决策略。此外，它也能够促进团队间的合作和学习，培养一种积极的数据质量管理文化。

（5）持续学习和提升。数据质量培训和意识提升应具有持续性。员工需要及时了解和应用最新的数据质量管理方法和技术，定期参与培训和研讨会，以适应业务需求和技术发展的变化。

通过这些培训和意识提升活动，员工将能够更全面地理解数据质量管理的重要性，并掌握相应的知识和技能。他们将更加主动地参与到数据的采集、处理和应用中，通过积极的数据质量管理，提升数据的质量和可靠性。

3．数据整合与集成

在新型电力系统中，确保数据一致性是一项核心任务。它需要不同系统和部门之间保持数据的一致性，防止数据冲突和不准确信息的产生。数据整合和集成是实现这一目标的关键手段之一。它旨在建立一个机制，将来自不同数据源和系统的数据融合到一个统一的数据集中。标准化的数据格式和命名规则可以确保数据在整个系统中的结构和定义保持一致，从而实现数据的无缝交互和共享。数据整合与集成过程中的一些关键的措施和策略如下。

（1）识别与连接数据源。首先，识别和评估不同数据源的类型、结构和内容，确定需要整合和集成的数据源，如传感器、监测设备、数据库、实时系统等。然后，建立数据连接和访问机制，以便系统从各个数据源中获取数据。

（2）标准化数据格式。制定统一的数据格式和结构标准，以确保能够有序地整合和集成不同数据源和系统中的数据。这涉及制定数据模型、数据字典和元数据信息，明确数据的定义、字段和关系。同时，采用通用的数据交换格式和协议，以实现不同系统间的数据交互和共享。

（3）数据转换与映射。对来自不同数据源和系统的数据，进行必要的数据转换和映射，使其在整合后的数据集中保持一致，其中包括数据清洗、格式转换、数据编码转换等处理操作。同时，建立数据映射规则和转换逻辑，确保数据的一致性和准确性。

（4）确保数据质量。在整合和集成过程中，进行数据质量的评估和保障，包括数据验证、清洗和纠错，以确保数据的准确性和完整性。同时，建立数据质量监控机制，及时发现和处理数据质量问题，以保证整合后的数据集的质量和可靠性。

（5）选择数据集成平台与工具。为搭建数据整合与集成基础设施，可以选择数据集成平台、ETL（抽取、转换、加载）工具、API接口技术和工具。这些平台和工具能够简化数据整合和集成的复杂性，提升数据处理效率和结果的可靠性。

数据整合与集成将不同数据源和系统中的数据汇聚到一个统一的数据集中，有效减少数据冗余和重复，实现数据的集中管理和利用。这不仅提升了数据的可靠性、可用性，还增强了数据的可分析性，为新型电力系统的数据管理和应用打下了一个稳定和可信赖的数据基础。

4．数据验证和校验

在确保数据一致性的过程中，数据验证和校验扮演着重要角色，其主要措施和策略如下：

（1）制定数据比对和校验规则。根据业务逻辑和规则，明确需要比对和校验的数据字段和条件，包括数据字段的取值范围、逻辑关系、关联关系等。

（2）采用数据采样和抽样方法。从不同数据源中抽取样本数据进行验证和校验，以减少对全部数据的直接比对，降低计算复杂度和成本。数据采样和抽样方法可以评估数据的典型性和代表性，进而推断整体数据的正确性和一致性。

（3）使用数据校验工具和算法。运用适当的工具和算法对数据进行实时或批量校验，如逻辑判断、数值比较、正则表达式、哈希校验等。这些工具和算法可以自动化地进行数据校验，减少人工干预和错误。

（4）处理检测到的异常数据。对于发现的异常数据，应及时处理和修正，主要措施包括数据清洗、异常值剔除、数据修复等。同时，记录和追踪异常数据的来源和处理过程，以溯源和彻底纠正出现的问题。

（5）建立数据质量监控和报告机制。定期监测和评估数据正确性和一致性，通过监控和报告及时发现数据一致性问题，并采取相应措施。构建数据质量指标体系，为数据验证和校验提供参考和评估依据。

数据验证和校验可以确保数据的准确性和一致性，减少数据冲突和不一致的风险,提升数据的可靠性。此外,数据验证和校验为数据质量管理和治理提供了重要支撑,为新型电力系统的数据管理和应用提供了一个可靠的数据基础。

5. 数据同步与更新

数据同步与更新是确保不同系统间数据一致性的关键环节,它旨在防止数据滞后引起的数据不一致问题并保证数据的实时更新。这个过程涉及以下几个方面:

(1)数据传输与通信机制。建立一个可靠的数据传输和通信机制是必要的,主要利用网络协议、数据接口、Web 服务等技术手段,支持不同系统间的数据交换。

(2)确定数据更新频率。根据业务需求和实际情况,设定适当的数据更新频率,这决定了数据的实时性和同步程度。对于需要实时处理的数据,较高的更新频率是必要的。

(3)制定同步策略和机制。开发有效的同步策略和机制,确保数据按照预定的方式在系统间同步更新。这些策略可以根据数据依赖性、系统响应时间、网络带宽等因素来定制,如采用增量同步、全量同步或定期同步。

(4)实现数据变化检测与触发机制。其关键在于及时检测和触发数据变化,可以通过监控数据的变动,如新增、修改或删除操作,来触发同步操作以更新其他系统中的相关数据。

(5)冲突解决与数据一致性保证。在数据同步与更新过程中,可能会出现数据冲突,这就需要制定冲突解决策略,如使用最新数据或人工干预,以确保数据的一致性。

(6)数据更新日志与审计。建立数据更新日志,记录和审计数据更新历史,便于后续分析和追踪问题。此外,数据更新日志还有助于数据的溯源和责任追究。

为了实现数据同步与更新,可以利用 ETL 工具和技术进行数据抽取、转换和加载，确保数据在系统间的同步性和一致性。此外，消息队列、数据库复制、触发器等技术也可用于数据同步和更新。通过数据同步与更新，新型电力系统能够保持不同系统间数据的一致性，为准确的数据分析和决策提供了可靠的数据基础，同时也加强和提升了系统的协同工作与整体效率。

6．数据访问控制和权限管理

数据访问控制和权限管理对维护数据的安全性和完整性至关重要。通过构建严格的数据访问控制和权限管理机制，可以界定数据的访问边界，避免未授权的数据被修改或篡改，确保数据在整个流程中的一致性。以下是数据访问控制和权限管理的关键措施和策略：

（1）制定访问控制策略。根据数据的敏感性和保密性，制定访问控制策略，确定数据的访问权限和控制规则。这应包括基于用户身份、角色、组织职能和工作职责的访问控制规则，确保只有授权用户能够访问和操作数据。

（2）实施身份验证与授权。确保用户身份验证和授权过程的安全性。这可能涉及使用强密码、多因素身份验证等手段来验证用户身份，并为每个用户分配适当的访问权限和角色。这样可以确保只有合法用户能够访问和操作数据，防止出现未经授权访问和篡改数据的现象。

（3）采用细粒度的权限管理。实施细粒度的权限管理，精确控制数据的读取、写入、修改、删除等操作权限，并对敏感数据和关键数据实施额外的访问限制。这样可以确保只有具备相应权限的用户能够执行特定操作，防止有误操作和恶意篡改数据的行为。

（4）建立审计与监控机制。构建数据访问的审计与监控机制，记录和监测用户的访问和操作行为，包括日志记录、审计报告、异常检测和警报等。审计与监控机制可以及时发现和响应未授权访问和异常操作，确保数据的安全性和完整性。

（5）对数据进行分类和标记。根据数据的敏感程度和保密级别，对数据进行分类和标记，并为不同类别的数据分配适当的访问控制和权限设置。这有助于区分不同数据，并为它们设置不同的控制规则。对数据进行分类和标记可以更精确地执行访问控制和权限管理,确保数据的安全性和一致性。

数据访问控制和权限管理可以保护数据不受未授权访问和篡改,维护数据在各个环节的一致性。此外,这些措施还为数据隐私保护和支持合规性要求提供了坚实的基础。

7. 数据协调与沟通

数据协调与沟通是保持数据一致性的核心环节。为了加强不同部门和系统之间的协作,并建立有效的沟通渠道,需要考虑以下主要措施和策略:

(1)促进跨部门合作与沟通。创建跨部门的合作机制和沟通渠道,确保各部门之间的充分交流和协调。具体形式包括召开定期的会议、成立工作组和项目团队等,使各部门能够共同参与制定数据标准、规范和共享目标,从而减少数据冲突和一致性问题。

(2)建立数据共享与协同工作平台。开发数据共享和协同工作平台,提供一个集中的数据存储和共享环境。该平台可以使不同部门和系统更便捷地共享数据,并利用平台上的协同工具进行数据协调和沟通。这样可以简化数据传递和转换过程,增强数据的一致性和准确性。

(3)制定统一的数据标准和规范。制定统一的数据标准和规范,确保数据在不同部门和系统之间的一致性,包括数据命名规则、数据格式、数据字段定义等。数据标准化可以降低数据不一致的风险,提高数据的可比性和可信度。

(4)实施数据治理与质量控制。建立数据治理和质量控制机制,确保数据被及时修正和纠正。这可能涉及数据检测、数据纠错、数据清洗和数据质量评估等步骤。数据治理和质量控制可以识别和解决数据一致性问题,提升数据的可靠性和一致性。

(5)加强沟通与培训。强化对数据管理人员和员工的沟通与培训,提升他们对数据一致性重要性的认识和理解。其可通过举办培训课程、成立工作坊、发布有关信息等形式来实现。有效的沟通和培训可以提升员工对数据一致性的认识，增强他们的责任感，从而降低错误数据的产生概率和传播风险。

数据协调与沟通可以促进不同部门和系统之间的合作，确保数据的一致性和完整性。此外，数据协调与沟通是构建数据文化和推动数据驱动决策的关键，有助于增强和提升组织的数据能力与竞争力。

数据质量管理和数据一致性维护为新型电力系统带来了显著的数据优势，具体包括以下几个方面：

（1）增强数据可信度。新型电力系统通过实施数据质量管理措施，有效提升数据的可信度。这涉及通过数据验证、校验和清洗等过程，识别并修正数据中的错误或不一致问题，从而提高数据的准确性和一致性，增强数据的可靠性和可信度。

（2）提升数据准确性。数据质量管理有助于提高新型电力系统中数据的准确性。建立统一的数据标准和规范，并进行数据验证和校验，可以确保数据源采集的数据满足既定规则，减少数据错误和偏差，为新型电力系统的运作和决策提供准确的数据支撑。

（3）提高数据可用性。数据一致性保障措施能够提升数据可用性。实施数据访问控制和权限管理，防止有未授权访问和篡改数据行为，确保了数据一致性，有助于授权用户能够及时、准确地访问和使用数据。

（4）促进高效数据管理和价值实现。数据质量管理和一致性保障使新型电力系统能够高效管理和应用数据价值。准确、一致的数据可以为系统的各个环节提供支持，包括能源生产、传输、分配和消费等，优化系统运行效率，提升能源利用效率，并为系统的智能化和自动化提供坚实基础。

4.2.4 数据模型管理

1．数据模型实施流程

（1）深入了解业务需求：数据模型管理的首要任务是深入了解新型电力系统的各项业务需求，包括运营、监控、规划、市场和客户服务等各个方面的需求。这需要与各业务领域的从业人员及利益相关者进行沟通，准确地把握业务驱动因素和数据需求。

（2）设计数据模型：在充分理解业务需求的基础上，根据数据的逻辑关系和业务流程设计数据模型。数据模型是对数据实体、属性和关系的抽象表示。在设计过程中，应选择合适的数据模型类型，如关系型模型、多维模型或图模型等。一个设计良好的数据模型应能满足业务需求，同时具备良好的可扩展性和可维护性。

（3）数据模型的建立与实现：在这一阶段，一方面，需要定义和创建数据模型的实体、属性和关系，并确定数据模型的数据字典；另一方面，需要关注数据质量、一致性和安全性等，并利用数据建模工具和技术提高数据模型的质量和工作效率。

（4）数据模型的映射和转换：新型电力系统中通常存在多个数据源和数据格式。在进行业务驱动的数据模型管理时，需要将不同数据源的数据映射到统一的数据模型中。其可通过使用 ETL（抽取、转换、加载）工具、数据集成技术和转换规则实现。数据模型的映射和转换有助于提高数据的一致性和可用性，为数据分析和决策提供坚实基础。

（5）数据模型的维护和优化：数据模型的维护和优化是业务驱动数据模型管理的关键环节。在维护过程中，要定期审查和更新数据模型，确保其与业务需求保持一致并适应需求变化。此外，还需针对数据模型的性能和工作效率进行优化，以加速数据访问和分析。索引、分区和缓存等技术可以帮助优化数据模型。

（6）数据模型的应用和价值实现：业务驱动数据模型管理旨在充分利用数据并使其价值最大化。高质量的数据模型能够使新型电力系统获得精确、一致且可靠的数据支持，这对系统的运作和决策至关重要。数据模型的运用推动了数据分析、预测和优化的业务流程，从而提升了新型电力系统的操作效率和稳定性，同时增强了决策过程的支持力度。

2. 数据模型管理案例

电网数据模型是电力系统中用于概述各种实体、属性和相互关系的抽象框架。它提供了一种系统化的方法来整理、储存和管理电力系统关键信息，这对系统的运作、规划、分析及决策支持至关重要。

在设计电网数据模型时，必须考虑到电力系统的内在复杂性和广泛多样性。这样的数据模型能够包含众多实体，每个实体都对应电力系统中的一个具体物体或概念，如发电厂、变电站、输电线路、电力用户、变压器等。每个实体都拥有独特的属性，这些属性用来描绘实体的具体特征和信息，如名称、种类、位置、技术规格等。实体间的相互关系则揭示了它们在电力系统中的相互作用和联系，如变压器与输电线路的连接、变电站与电力用户的供电关系等。

电网变压器模型是电力系统中关键的数据模型之一，它通过构建统一的模型框架，实现了在生产、营销、调度等多个领域的数据共享和复用。该模型专注于对电力系统中的变压器设备和其相关属性与关联关系进行描述。它涵盖了变压器本身、电压等级、负载容量、位置信息等关键实体，并定义了这些实体之间的相互作用。统一的电网变压器模型的建立，确保了数据的一致性和易用性，为跨学科活动的数据共享和复用奠定了基础。

在电网变压器模型中，关键属性和关系的定义如下。

（1）变压器实体：包含变压器的唯一标识、名称、所属电网区域等基本信息。

（2）电压等级实体：描述变压器的输入和输出电压等级，区分高压和低压等级。

（3）负载容量实体：指定变压器能够承受的最大功率，即其负载容量。

（4）位置信息实体：记录变压器的地理坐标和海拔等详细位置信息。

（5）连接关系：描绘变压器与其他电网设备之间的连接方式，如与输电线路、配电设备的连接。

通过上述属性和关系的定义，可以构建一个整合的电网变压器模型，以实现数据在各个领域的共享和复用。在电力生产方面，该模型有助于电力站点的设计和规划，通过共享变压器数据，可以更准确地计算和配置变压器容量和位置，提升设计效率。在电力市场运营中，电网变压器模型可用于制定输电定价策略，通过分析变压器的负载容量和位置信息，制定更为合理的输电定价，优化市场资源分配。在电力调度和运营管理方面，该模型有助于电力系统的计划和调度，通过共享变压器模型，可以更准确地分析变压器的传输能力和负载状况，从而实现更合理的电力分配和调度，提升系统的可靠性和运营效率。

4.2.5 数据安全保护

随着新型电力系统的快速发展，确保数据安全和维护用户隐私变得日益重要。面对广泛的数据收集、处理和交换活动，必须实施适当的安全措施以确保信息的安全和用户隐私不受侵犯。

新型电力系统涉及众多关键信息，例如用户用电数据、能源生产与供应链数据，以及系统运行状态等。这些数据对新型电力系统的稳定运作至关重要，同时也可能包含个人隐私和商业机密。因此，保障数据安全与隐私保护显得尤为迫切和复杂。

在保障数据安全方面，新型电力系统需要采纳一系列技术措施，包括实施严格的认证与访问控制、应用加密技术、构建网络安全防护等。这些措施能确保数据在传输、存储和处理过程中的机密性和完整性，有效防止非法访问、数据篡改和泄露。

在隐私保护方面，新型电力系统应遵守相关法律法规，并采取措施，如数据脱敏与匿名化处理、应用最小化数据收集原则、建立透明隐私政策和用户授权机制等。这些方法有助于保护用户个人隐私，防止个人信息被不当使用或泄露。同时，加大员工数据安全培训和提升安全意识至关重要，员工应了解数据安全和隐私保护的政策与规定，确保他们在处理和访问敏感数据时，能够遵循最佳实践和道德标准。

1. 数据安全保护的实施方案

1）实施强化的身份验证和访问控制措施

确保只有验证通过的用户能够接触敏感数据，包括采用多因素认证机制。例如，结合生物识别技术（如指纹或虹膜扫描）与二次验证（如短信验证码或硬件密钥）。此外，制定并强制执行强密码政策，要求密码具备高复杂性并定期更换，同时禁止使用历史密码。细致的访问控制规则应基于用户角色和职责来制定，确保数据仅被授权用户访问。

利用登录监控和异常检测技术来实时跟踪用户行为，并识别潜在的安全威胁。系统应能识别异常登录模式，如非典型地理位置或时间段的访问，或是频繁的登录尝试，从而触发警报并采取措施，如实施额外的身份验证或暂时锁定账户。

定期对身份验证和访问控制机制进行审核和更新，以维护其安全性和有效性。这涉及定期审查用户权限，更新身份验证和访问控制技术以适应新的安全挑战，同时监测和评估这些方法的实施效果，以进行必要的调整和优化。

通过以上措施，可以显著增强新型电力系统的数据安全性，降低未经授权访问和数据泄露的风险，确保只有得到适当授权的用户才能访问系统的敏感数据，从而维护整个系统的安全稳定运行。

2）数据加密与传输安全

为了保障数据在传输过程中的安全，新型电力系统应当采取数据加密和安全传输协议，确保数据的机密性和完整性不受损害。

数据加密：系统应确保敏感数据在存储和传输过程中均被加密处理。这一过程通过加密算法将数据转换成加密形式，只有掌握正确解密密钥的用户才能够解密和查看数据。对于新型电力系统的敏感数据，如用户个人信息和能源使用数据，应使用强力的加密算法来保障其安全性，如对称加密算法（如AES）和非对称加密算法（如RSA）。

安全传输协议：在传输安全方面，采用安全传输协议至关重要。HTTPS 是一种流行的安全传输协议，它在 HTTP 协议之上加入了 SSL/TLS 加密层，以保护数据在传输过程中的安全。HTTPS 通过数字证书验证服务器身份，并利用加密算法对数据进行加密和解密，从而确保数据的机密性和完整性。

加密算法选择：选择合适的加密算法对于数据加密同样重要。例如，AES 是一种现代的对称加密算法，被称作高级加密标准，以其高安全性和高效率得到广泛应用。此外，使用强密码和妥善保管密钥也是确保数据安全的关键。强密码需要难以猜测和破解，而密钥的存储应当极为安全，确保只有授权用户才能够访问。

数据完整性校验：除了加密，数据完整性也是必须考虑的方面。数据完整性校验机制，可以防止数据在传输过程中被篡改或损坏。其可通过计算并附加散列函数、校验和等校验值来实现。发送方在发送数据前计算这些校验值，并将其与数据一同发送。接收方在接收到数据后，重新计算校验值，并与发送的校验值进行对比，以检验数据是否在传输过程中被篡改或损坏。这些措施能够有效保障新型电力系统在数据传输过程中数据的完整性和机密性。

3）异常检测与监控

实时异常检测和监控系统的建立至关重要，其能及时侦测、响应任何数据安全事件，确保数据安全。主要方法包括日志记录、入侵检测系统（IDS）和安全事件管理等，具体如下。

日志记录是记录系统关键操作、事件和异常的基础。它有助于追踪和分析系统活动，从而快速识别和定位潜在威胁。日志应包含时间戳、用户标识、操作类型和详细信息等要素，以便于事后调查和分析。

IDS 则能监控网络流量、主机行为和系统活动，以识别可能的入侵和异常。IDS 可以基于已知的攻击模式进行检测，也可以利用行为分析和机器学习技术来发现未知威胁。IDS 一旦检测到异常，将触发警报，并自动执行预定义的应对措施，如暂停用户账户或阻断网络连接。

安全事件管理是一个涉及收集、分析和响应安全事件的流程。它包括对安全事件的详细信息进行记录、评估风险和影响、制订应对计划，以及跟踪处理过程。这需要建立专门的安全事件管理团队或流程，确保对安全事件的及时响应和有效处理。

实时异常检测与监控系统能够监控系统关键指标和事件，并根据预设的阈值触发警报。这有助于快速识别系统异常行为和潜在威胁，如异常登录尝试、非法访问或数据泄露，从而及时采取措施。

持续改进和漏洞修复是确保系统安全的关键。定期评估和修复系统漏洞、更新安全设备和软件，以及进行定期的安全漏洞扫描和渗透测试，都有助于提高系统的安全性和应对能力。通过这些措施，可以有效提升数据安全，并确保系统能够抵御不断演变的威胁。

4）电力数据备份与恢复

为确保数据在意外情况下能够迅速恢复，建立定期的数据备份和灾难恢复计划至关重要。以下是确保数据安全性的步骤和措施。

制定数据备份策略：根据数据价值和更新频率，制订合适的备份计划。关键数据和系统配置应经常备份，可以选择每日、每周或每月进行备份。备份数据应存储在安全的环境中，如云服务、外部存储设备或专用的备份服务器。

加密备份数据：为了保护备份数据的安全，备份过程中应使用加密技术。选择强力的加密算法，如 AES 或 RSA，对备份数据进行加密，确保数据在存储和传输过程中的隐私性。只有拥有正确解密密钥的授权用户才能访问解密后的数据。

实施存储安全措施：确保备份数据的存储安全，选择可靠的存储解决方案，如具有物理防护措施的网络硬盘、云存储或专用备份服务器。存储设备应具备防火、防水、防尘等保护措施，并放置在受控环境中，防止被未授权访问和物理损害。

定期检验备份数据：按照既定备份计划定期执行数据备份，并进行定期的备份数据验证。通过定期恢复测试数据，确保备份数据能够成功恢复，并保持其完整性和可用性。如果发现备份问题，应及时调整备份策略或修复备份设备，以确保备份数据的一致性和可靠性。

制订灾难恢复计划：灾难恢复计划是数据在意外事件中能够迅速恢复的保障。计划应明确职责分配、备份数据恢复顺序、紧急联系人信息，以及恢复目标时间。定期审查和更新灾难恢复计划，确保其与系统更新和数据变化保持同步。

通过以上这些措施，可以最大限度地减少因硬件故障、自然灾害或人为错误导致的数据丢失风险，确保数据的安全性和系统的稳定性。

5）内部安全审计

为确保电力系统的安全性，须定期进行内部安全审计。这有助于评估系统中的安全状况和漏洞，并采取相应的措施进行修复和改进，从而加强电力系统的整体安全防护能力。

设备安全评估：对电力系统的所有设备，包括发电机、输电线路、变压器和配电设备等，进行全面的物理安全评估。检查设备的访问控制、物理防护和监控系统。同时，对设备的软件和固件进行审查，确保没有恶意软件或未授权的访问风险。

网络安全评估：对电力系统的网络安全进行全面评估，特别是监控和控制系统（如 SCADA、EMS、DMS）的网络环境、通信协议和数据传输安全。确保网络设备和通信线路采用安全配置并实施数据加密，以防止出现未授权访问和数据泄露等问题。

访问控制审计：对电力系统的访问控制机制进行审计，包括用户账户管理、权限控制和身份验证流程。检查用户访问权限的分配和维护情况，确保只有授权人员才能够接触关键系统和数据。同时，审查登录和操作日志，以便系统能追踪异常活动并作出及时响应。

安全意识培训和应急演习：定期为员工提供数据安全方面的培训，提升他们对数据安全的认识。此外，定期组织应急响应演习，以评估系统对安全事件的应对能力，包括数据恢复、系统修复和安全漏洞补救等措施。

合规性审计：根据法律法规和行业标准，对电力系统进行合规性审计，确保系统符合个人信息保护和所有安全性的要求。同时，检查系统是否实施了必要的安全控制措施，如漏洞管理、软件更新和信息安全事件披露流程。

通过这些审计和评估流程，可以有效识别和解决电力系统中的潜在安全问题，提高系统的安全性能，确保业务的连续性和数据保护的有效性。

2．新型电力系统下的隐私保护措施

1）匿名和脱敏

为了保护个人隐私，对于涉及个人身份的信息，应采取匿名化和脱敏处理，确保数据无法直接指向任何个体，从而防止个人信息的泄露。

匿名化技术的应用：通过加密、哈希算法和其他匿名化技术，将个人身份数据进行转换，使其失去直接指向个体的能力。例如，可以使用不可逆的哈希算法将身份信息转换成哈希值，这个哈希值是无法回溯到原始数据的。

数据脱敏技术：脱敏技术涉及对敏感数据进行转换，以隐藏其原始数据。其可通过数据掩码、数据伪装或数据擦除等方法实现。例如，将姓名、地址和身份证号码等敏感信息替换为虚构或部分信息，以防止这些信息被识别。

替代标识符的使用：在匿名化过程中，可以引入替代标识符来代替真实身份信息。这些标识符是随机生成的，与个人真实身份无关。使用替代标识符可以在数据分析时隐藏个人身份信息，同时保持数据的实用性。

数据使用的规范限制：除了技术措施，还需要制定严格的数据使用政策和规范，包括限定数据使用的目的、禁止将匿名化数据重新关联到个人身份，以及确保只有授权人员才能访问和处理这些数据。

2）数据最小化原则

电力系统在处理数据时，应遵循最小化原则，只收集和保留系统运行和决策制定所需的信息。这一做法旨在降低无关个人信息的风险，并保护用户隐私。

数据收集的必要性：电力系统在收集数据时，必须限定在系统运行和决策制定所需的范围内。任何与系统功能不直接相关的个人信息都应避免收集，以减少隐私泄露的可能性。通过明确数据收集的目的，并限定收集范围，可以确保数据收集活动与系统服务紧密结合。

数据集的最小化：在数据管理实践中，应尽量减少数据的存储量，只保留对系统最核心的运营和决策有直接影响的数据。这种做法不仅降低了数据管理的复杂性，也减少了数据泄露和滥用的风险。

数据生命周期管理：数据从收集到销毁的整个生命周期都应受到管理。对不再需要的数据，应及时进行删除，确保数据只在必要的时段内被保留。采用有效的数据保护措施和销毁方案，可以防止数据被未经授权访问或泄露。

风险评估与合规检查：定期进行风险评估与合规检查，以确保数据最小化原则得到贯彻执行。在这个过程中，评估数据使用和存储过程中的潜在隐私风险，并采取相应措施减轻这些风险。同时，确保数据处理活动符合个人信息保护法规和隐私保护标准。

用户控制与访问权限：用户提供对个人信息的掌控权，包括决定哪些信息被收集和如何使用。系统应允许用户查看、编辑和删除其个人信息，并允许用户选择是否参与特定的数据收集活动。同时，对数据访问权限进行严格控制，确保只有授权人员才能访问和使用数据。

3）合规与合法要求

新型电力系统在设计和运营过程中，必须严格遵守隐私保护相关的法律法规，如《通用数据保护条例》（GDPR）等，并确保所有操作符合这些法规的规定。

遵守隐私保护法规：新型电力系统应全面遵守适用的隐私保护法规，包括但不限于GDPR等国际标准。了解并融入这些法规的具体要求，以确保系统的设计和运营不违反相关法律法规。

用户权利与隐私保护：在系统设计和运营过程中，应清晰定义用户的权利和隐私保护措施。提供简洁明了的隐私政策，告知用户所收集数据的类型、目的、处理方式和数据共享情况。同时，尊重用户的选择权，让用户能够自主决定个人数据的收集和使用。

数据处理合规性：确保系统中的数据处理操作符合隐私保护的合规性要求，例如实施数据最小化原则，只收集与系统运行和决策直接相关的数据，避免收集不必要的个人信息。同时，采取适当的技术和管理措施，确保个人数据的机密性、完整性和可用性。

保护措施的实施：为用户提供充分的措施，保护其隐私权益，包括设立用户访问和更正数据的机制，允许用户管理自己的个人信息。此外，建立强大的安全控制措施，防止未授权访问、不当使用或泄露个人数据。

隐私影响评估：进行全面隐私影响评估，以评估新型电力系统可能对用户隐私权利产生的影响。通过识别和评估潜在的隐私风险和弱点，采取相应措施降低风险，保护用户个人数据的安全和隐私。

技术创新与隐私保护：持续关注隐私保护领域的技术和实践创新，确保系统设计和运营符合最新的隐私保护标准。积极采用数据加密、安全身份验证和访问控制等技术，以增强个人数据的安全性。

4）透明度和用户控制

新型电力系统需向用户清晰地呈现隐私政策和数据使用条款，详细阐述数据收集的目的、范围及处理方式。同时，系统应赋予用户对其个人数据使用方式的选择权和控制权，如提供易于操作的数据访问和删除功能。

透明的隐私政策：系统应制定易于理解的隐私政策，其中包含数据收集的目的、范围、处理方法，以及采取的安全措施。这样的政策使用户能够清楚地了解自己的数据如何被系统和第三方使用。

用户控制权：用户应有权选择是否参与数据收集活动，并可以随时修改或撤销对数据使用的同意。系统应提供便捷的数据访问和删除功能，使用户能够自主管理个人数据。

个性化数据设置：系统应允许用户根据个人偏好设置数据使用条件，如用户可以选择接收何种类型的信息或决定与第三方共享数据的程度。这样的个性化设置使用户能够更有效地管理个人数据，提高隐私保护意识。

透明的数据处理：用户应对其个人数据的处理流程有充分的了解，包括数据的收集、存储、使用和共享方式。系统应通过透明的数据处理流程，使用户能够信任系统的数据处理行为，并有效提升隐私保护水平。

5）员工培训与意识增强

为了确保员工在处理和访问敏感数据时能够充分尊重用户的隐私权，公司应开展有关隐私保护的培训，不断提升用户的隐私安全意识。

制订员工隐私保护培训计划：制订一个全面的员工隐私保护培训计划，确保员工了解隐私保护的基础知识、相关法规，以及公司的隐私保护政策和最佳实践。培训应该包括如何遵守数据最小化原则、处理敏感数据的正确方法等。

强调政策遵守：强调公司隐私保护政策的重要性，并确保所有员工都明白并遵守这些政策，包括不得未经授权访问、使用或泄露用户的个人数据，以及必须采取适当的安全措施来保护数据的机密性和完整性。

设立内部监督机制：建立一个内部监督机制，以监控员工是否遵守隐私保护政策和最佳实践。其可通过内部审计、检查和合规性评估等方式来实现，以确保员工的行为和数据处理流程符合规定。

使用案例教学：通过提供实际案例和教学材料，让员工了解隐私保护的重要性，以及如何应对实际挑战。使用真实的故事和技术案例，帮助员工更好地理解公司的隐私保护政策及其对用户和企业的价值。

培养隐私保护文化：在公司内部培养一种重视隐私保护的文化，鼓励员工在工作中互相尊重用户的隐私权，并主动提出与隐私保护相关的问题和建议。

持续监测和更新：随着技术的发展和法规的更新，隐私保护的最佳实践也在不断丰富。因此，应持续监测隐私保护宣传动态并定期更新员工的培训内容和相关政策，确保员工的隐私保护意识和知识与最新的要求保持同步。

4.3 数据运营服务体系建设

精确的数据需求响应、跨领域的数据整合与创新服务，以及基于全生命周期的数据统一运维（见图4-4），能为电力系统数据提供定制化服务，推动跨行业协作与创新，并确保数据的高效、高质量运营。这些措施将为电力系统的智能化发展、效率提升和持续性提供有力支撑。

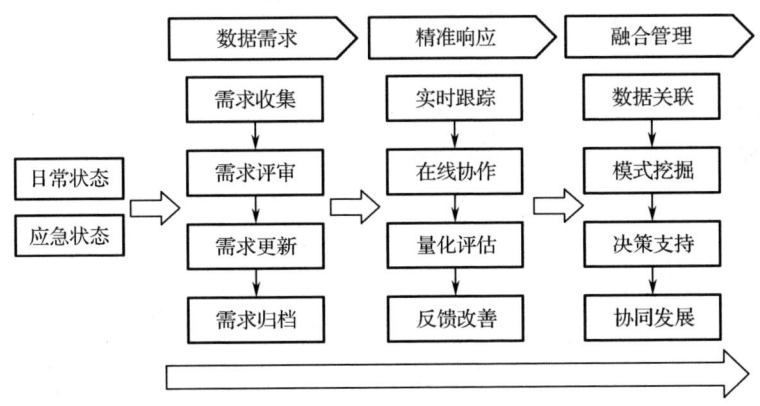

图4-4 基于全生命周期的数据统一运维

4.3.1 数据需求响应

需求响应流程的创建和实施是为了提高数据需求响应的精确性，该流程覆盖了数据需求申请、审批、跟踪和运营的整个在线化过程。通过这一流程，数据需求收集、评审、更新和归档等环节得到了有效管理，从而实现了对数据需求响应效率的量化评估和持续优化。

1. 需求响应流程的制定

（1）需求收集。通过在线平台或系统，用户可以提交他们的数据需求，包括对特定数据集、字段、格式和提供时间的请求。

（2）需求评审。提交的需求将接受专业团队的评审，评估其合理性、可行性，以及对现有数据资源的影响。

（3）需求更新。对于不完整或模糊的需求，专业人员将与用户进行沟通，以进一步明确和细化需求。

（4）需求归档。已批准的需求将被归档以便管理和追踪，确保需求记录的完整性并为后续数据运营提供参考。

2．数据需求的在线化管理

在线平台或系统可以全方位地管理数据需求的申请、审批、跟踪和运营。用户在线提交数据需求后，相关责任人或部门会立即收到申请并进行审批。审批通过后，系统可以在线持续跟踪和监督数据需求，而整个数据运营流程也可以通过在线方式进行协作。

（1）实时通知与响应。在线平台或系统能够及时通知责任人或部门有新的数据需求申请，便于他们随时登录系统处理和提供反馈。

（2）数据需求的在线跟踪。批准的数据需求可进入在线跟踪阶段，相关人员对数据需求状态进行实时监控，包括数据采集、处理、分析和交付等环节。

（3）线上协作与沟通。数据需求运营过程中，相关人员可以通过在线平台或系统进行有效协作和沟通，分享数据、讨论意见、更新分析结果等，促进数据运营的效率和质量提升。

（4）实时监控与报告。在线化平台或系统提供数据需求的实时监控和报告功能，使相关人员能够随时审查数据需求的运营状况，并生成报告以评估和分析数据需求的成效。

通过在线平台或系统，数据需求的整个生命周期得到了高效的管理。用户可以迅速提交需求，相关人员可以迅速响应并处理这些需求。在线跟踪和监控功能确保了数据需求状态的透明性，而在线协作和沟通工具加速了数据运营的进程。实时监控和报告功能则提供了对数据需求运营效果的即时评估和分析，有助于持续优化数据需求的响应效率和质量。

3. 数据需求响应的量化分析与持续优化

在线平台或系统使对数据需求响应的关键性能指标（如响应时间、满足度和效率）进行量化分析变成可能。这种分析有助于识别数据需求响应中的问题和瓶颈，并实施针对性的改进措施，以提高响应效率和质量。

（1）响应时间的量化。在线平台或系统能够追踪和记录数据需求从提交到完成响应的整个时间跨度，包括审批、处理和交付等各个阶段的时间。对这些时间数据进行统计分析，可以评估数据需求的响应速度。

（2）满足度的量化。在线平台或系统可以追踪和记录数据需求的满足程度，其可通过用户反馈、数据质量评估和实际使用效果来衡量。对这些数据的量化分析，可以了解数据需求的实际影响和质量水平。

（3）效率的量化。在线平台或系统可以记录和分析数据需求处理过程中所涉及的时间、资源消耗和人力资源使用等数据，计算出数据需求的效率指标，包括数据处理速度、资源利用效率等。同时对这些效率指标进行分析，揭示潜在的数据需求瓶颈和弱点，以持续地优化和改进数据需求处理过程。

（4）综合量化分析。在线平台或系统可以收集和处理上述关键指标的数据，生成统计数据和可视化报表，并进行综合的量化分析。这有助于全面评估数据需求响应的整体表现和成效。

（5）持续优化。基于量化分析的结果，在线平台或系统可以识别响应时间长、满足度低或效率不高的问题区域。针对这些问题，相关人员可以采取改进措施，如优化处理流程、提高资源利用效率等，不断提升数据需求响应的效率和质量。

4.3.2 数据融合管理

在新型电力系统中，涉及的数据覆盖了多个行业，如能源、气候环境及交通运输等。这些来自不同行业的数据需要融合在一起，形成一个更全面、多角度的数据视角。这样的跨行业数据融合能够获得更丰富的数据信息，进而支持更为精确和全面的决策制定与规划。

（1）跨行业数据的收集与整合。这是跨行业数据融合的第一步，包括从能源、气候环境、交通运输等不同行业收集所需的数据。这些数据可能来源于传感器、监控设备、网络平台等多种渠道。收集来的数据需要进行清洗、处理和格式统一，确保数据的一致性和可使用性。

（2）数据关联与关系建立。在完成数据收集和整合后，接下来需要通过数据标准化、数据建模和数据挖掘等技术手段，建立数据之间的关联关系。例如，可以分析能源消耗与气候变化之间的关系，或是交通流量与能源需求之间的关系，以此来构建一个综合性的数据视图。

（3）数据分析和挖掘。构建了跨行业的数据视图之后，就可以对其进行深入的数据分析和挖掘，以发掘数据中隐藏的模式、趋势和关联。这通常需要运用到统计分析、机器学习及数据挖掘等技术和方法。通过这些数据分析与挖掘工作，可以更加深入地理解不同行业的数据特点及其相互之间的关系。

以下是一些常用的数据挖掘模型。

① 聚类分析模型：聚类分析是一种无监督学习技术，它通过将数据集分为具有相似特征的组来实现数据的分类。在跨行业数据融合的应用中，聚类分析可以帮助识别不同领域数据之间的相似性和差异性。常见的聚类算法有 K 均值聚类、层次聚类和密度聚类等。

② 关联规则挖掘模型：关联规则挖掘旨在发现数据集中的关联关系和频繁项集。在跨行业数据融合的情境下，这种模型可以用来揭示不同领域数据之间的相关性和规律。常见的关联规则挖掘算法有 Apriori 算法和 FP-growth 算法等。

③ 决策树模型：决策树是一种监督学习模型，适用于分类和回归任务。在跨行业数据融合中，决策树可以用来分析和预测数据之间的关系。常见的决策树算法有 ID3、C4.5 和 CART 等。

④ 神经网络模型：神经网络是模拟人脑神经元结构和功能的模型，它在模式识别、分类和预测方面有着广泛的应用。在跨行业数据融合中，神经网

络可以用来建立输入数据和输出结果之间的复杂映射关系。常见的神经网络模型包括多层感知器、卷积神经网络和递归神经网络等。

⑤ 时间序列分析模型：时间序列分析是处理时间依赖数据的方法，主要用于预测和趋势分析。在跨行业数据融合中，时间序列分析可以帮助分析并预测数据随时间的变化趋势。常见的时间序列分析模型包括 ARIMA、季节性分解的时间序列预测（STL）和指数平滑等。

（4）决策与规划支撑。跨行业数据融合的最终目的是提供决策和规划的支持，拥有全面而多维的数据视角，使决策制定和规划工作更加精确和综合。例如，在能源规划方面，能够同时考虑到能源供应与需求、气候条件，以及交通流量等多个因素，从而制定出更为高效的能源策略和政策。

（5）数据共享与合作。跨行业数据融合不仅增强了单一行业内部的数据视角，也为不同行业之间的合作和数据共享搭建了平台。数据的共享使不同行业能够互相学习和分享经验，从而促进行业的协同创新和综合发展。

数据融合管理可以实现数据放权，提升数据管理流程效率，增强用户数据获得感。数据放权是指通过合法的途径，将数据的使用权和管理权下放给数据的所有者或授权的合作伙伴。通过数据放权，不同行业可以更灵活地管理和运用自身的数据资源，并与其他行业进行合作和数据共享。该过程可通过制定数据共享协议、建立数据共享平台和明确数据使用政策等方式实现。跨行业数据融合和数据共享不仅促进了行业间的合作与创新，还提高了数据管理流程的效率。采用统一的数据标准和流程可以减少数据整合和处理所需的时间和成本。同时，共享经验和知识可以避免重复工作和资源浪费，从而提升数据管理流程的效率和质量。此外，跨行业数据融合与共享能够显著提高用户的数据体验。通过共享数据，不同行业能够向用户提供更加综合、定制化的服务，满足多样化需求，从而提升用户的数据满意度。用户可以从多个行业接收到相关的数据信息，这不仅丰富了用户的选择，还提高了数据的实用性和个性化程度。此外，加快数据的共享与开放进程，不仅简化了数据的获取过程，还增强了用户对数据价值的感知，进一步提高了用户对数据的整体满意度。

4.3.3 数据运维监控

1. 全生命周期理论

全生命周期理论是一种注重系统全生命周期数据管理的理念，它主张对系统从创建到终止的每个阶段都应实施全面的数据管理。在电力系统中，这意味着需要对数据的收集、存储、处理、使用和保护等各个环节进行综合考虑，以确保数据在全生命周期中的完整性、可靠性和安全性。

在电力系统的初创阶段，全生命周期数据管理要求将数据采集作为关键环节，包括在建设过程中收集设计数据、设备参数、材料信息等。这些数据的全面采集和记录对于确保系统建设精确性和可追溯性至关重要，可为电力系统的运行和维护提供坚实基础。

在电力系统的成长和运行阶段，全生命周期数据管理着重于数据的存储、处理和应用。这涉及实时监测数据、历史数据，以及其他运行相关数据的有效管理。应建立适宜的数据存储和数据库系统，保证数据能够被及时获取和高效利用。同时，全生命周期理论倡导采用先进的数据处理技术从数据中挖掘有价值的信息，如大数据分析和人工智能，用于系统优化、故障预测和决策支持。

此外，全生命周期数据管理还着重于数据的价值实现和保护。在电力系统运行过程中，通过充分利用数据，可以深入理解系统性能和运行状态，为系统优化和决策提供依据。同时，为保护数据安全，实施数据备份、权限管理、安全传输等措施，防止数据丢失、泄露或被不当使用。

综上所述，全生命周期理论是指在电力系统的整个生命周期中，对数据进行综合管理，确保其完整性、可靠性和安全性的理论。这涵盖了数据的采集、存储、处理、应用和保护等各个环节，并强调在系统的初创、成长、运行等各个阶段数据管理的重要性。通过实施全生命周期数据管理，可以支持电力系统的长期稳定运行，提升电力系统的工作效率和可靠性。

2. 数据统一运维机制

实施基于全生命周期的数据统一运维机制是为了实现对电力系统数据的高效管理。这一机制的核心目标是创建统一的数据模型和标准，并对所有接入系统的数据进行整合与管控，确保数据能够实现统一存储、分享和应用，从而提高数据价值的实现效率和管理成效。

全生命周期的数据统一运维机制着重于构建统一的数据模型。这个数据模型为电力系统中的各种数据提供了描述和定义的框架，它能够融合不同的数据来源，统一数据的结构和格式，使不同类型的数据能够相互关联和交互。通过这样的数据模型，数据的一致性和互操作性得到保证，数据的整合和管理变得更加便捷。

此外，该机制也强调数据的标准化处理。数据标准化涉及为电力系统中的所有数据制定统一的数据字典、命名规范、单位定义和数据质量要求等，以确保数据的准确性、可靠性和一致性。统一的数据标准不仅便于数据的比较、共享和应用，还能降低数据集成的复杂度和成本。

通过建立数据集成平台和共享机制，不同系统和部门的数据可以被集中管理和共享利用。这样的做法促成了数据的整合、交流和共同分析，增强了数据的利用价值和决策支持能力。同时，数据集成和共享有助于减少数据冗余和解决"信息孤岛"问题，提高数据的共享效率和管理效益。

3. 日常与应急状态下的数据运维

1）日常运维

在电力系统的日常运维管理中，众多传感器和设备负责实时收集电力系统运作的关键数据，如电压、电流、频率和负载等核心指标。这些传感器被安置在电力系统的关键节点上，用以捕获系统运行的实时信息，并通过电网通信技术将这些数据发送至数据中心或监控站点。借助全生命周期的数据运维监控体系,可以对这些收集到的数据进行实时监控和分析。传感器收集数据的过程是对电力系统的实时运行状态和性能进行监控的过程。监控中心可以实时处理和分析这些数据,并运用数据挖掘和故障预测技术来识别任何潜在的问题和异常情况。

电力系统数据的持续监控和分析有助于判断系统的运行是否正常,以及是否有潜在的故障风险。监控中心一旦监测到异常数据或潜在问题,能够立即发出警报,并采取必要的处理措施,从而有效提升电力系统的安全性和可靠性,减少故障事故的发生。

此外,全生命周期的数据运维监控体系还能对电力系统的整体状况进行评估。监控中心可以对历史数据进行深入分析,利用数据挖掘和统计分析方法来研究电力系统的运行特性和发展趋势。这种分析可以帮助系统管理者理解电力系统的长期表现,识别运行中可能存在的问题,并为制定科学的运营策略和投资计划提供数据支持。

2)应急运维

在应对电力系统的突发事件时,数据运维管理可进行迅速响应和故障处理,包括智能预测与预警、可视化监控与大屏展示、多维数据分析。全生命周期的数据运维监控体系能够在事件发生时立即侦测到异常,分析历史和实时数据,协助相关工作人员迅速确定事件发生的根本原因和影响范围。此外,它还可以实时获取设备的技术参数和操作指南,为故障处理提供必要的信息支持,提升工作人员对突发事件的发现和处理速度,降低损失,并尽快恢复电力系统的正常运作。

(1)智能预测与预警。结合历史数据和实时数据,运用智能预测技术进行故障预测和预警。电力系统通过识别潜在故障模式和演化趋势,提前采取预防措施,避免故障发生或在故障发生前做好应对准备。

(2)可视化监控与大屏展示。数据运维与监控系统提供直观的可视化界面,使电力系统的运行状态一目了然。利用大屏幕展示技术,关键参数和警报信息可以直接在控制中心或操作人员面前展示，以便他们能快速识别异常并采取相应行动。

（3）多维数据分析。除监控基本的运行参数外，还可以整合其他维度的数据进行分析，如天气状况、负荷变化、设备运行时长等。综合分析这些多维数据，可以更全面地洞察电力系统的运行状况，及时发现并解决问题。

4.3.4　运营创新案例

在新型电力系统中，沉浸化服务被应用于数据管理与价值实施场景，旨在提供一种直观且参与度高的能源消费体验、能源监控和管理，以及教育和培训服务。这些创新的服务案例和思路增强了用户体验，促进了用户对能源的关注和参与，有助于提升能源使用效率和推动能源可持续发展。

1. 沉浸式能源消费体验

虚拟现实（VR）或增强现实（AR）技术将能源消费数据以虚拟场景的形式呈现，与用户的实际环境相结合，为用户提供身临其境的沉浸式体验。首先，收集用户的能源使用数据、环境数据及其他相关信息，以获得全面准确的能源消费数据，如电力使用量、能源成本、碳足迹等。然后，利用VR/AR技术，将这些能源消费数据以可视化的方式展示在虚拟环境中，让用户能直观地看到不同的能源消费选择对环境和能源成本的影响。例如，在VR环境中，用户可以看到自己的家，并实时观察能源消耗的变化和相应的成本。用户可通过手势、语音或控制器与虚拟环境互动，如切换能源方案、调整温度、改变照明等。

这种沉浸式的能源消费体验提供了更直观的信息，使用户能更好地理解不同消费决策的影响。用户可以亲身体验到节能措施对能源成本的节约效果，并在虚拟环境中观察到减少碳足迹的实际影响。这种互动体验可以激发用户的积极性,促使他们采取更多环保和可再生能源使用措施,从而提高能源使用效率和可持续性。

此外,沉浸式的能源消费体验还能提供实时反馈和建议。用户在虚拟环境中与系统互动,可以实时提问并获得关于能源消费的解答,获取能源管理建议和提示。用户可以在虚拟环境中实时调整能源消费策略,观察和分析其影响,并得到相应的反馈和评估。这种实时互动和个性化反馈有助于用户更好地管理能源消费,实现节能和环保目标。

2. 沉浸式电网监控与管理

系统依托传感器和设备从电网中收集关键数据,并利用沉浸式技术创建一个虚拟电网监控平台,为用户提供实时监控和管理电力消耗的沉浸式体验。在电网的关键位置部署传感器和设备,以收集包括电压、频率、负载分布等在内的电网数据。这些数据可以进一步与天气数据、负荷预测数据等其他相关信息集成。

用户可佩戴沉浸式设备,如智能眼镜,进入虚拟电网监控平台,体验一种全新的监控和管理方式。在虚拟环境中,用户能够感受到仿佛真的置身于电网之中,实时监控各个设备和区域的电力使用情况。通过沉浸式设备,用户可以看到电网设施的详细图像,如电力线路、变电站、输电塔等,并通过虚拟显示面板获取实时电网数据,如电流负载、电流稳定性等。

与虚拟电网环境的交互使用户能够更直观地理解和控制能源系统。例如,用户可以通过手势或语音命令在不同的区域或设备之间切换视角,观察其能源消耗情况。用户还可以与其他虚拟用户或系统实时互动,共同分析和解决电网问题。这种互动性使用户能够更容易地识别潜在的能耗问题,如过载、供电不足等,并能够及时采取调整措施以优化电网性能。

3．沉浸式电力系统教育和培训

沉浸式技术在电力系统教育和培训领域为用户提供全新的学习体验，具有巨大的潜力。

虚拟电网教育平台结合 VR/AR 技术，可以为用户提供沉浸式的学习环境。这种环境通过模拟电网场景、设备操作和管理情景，使用户能够进行互动式学习和实践，从而加深对电力系统的理解并培养相关技能。例如，用户可以通过 VR 头戴设备亲身体验操作变电站设备、调控电力分配等实际操作，学习电力系统的使用和维护。

虚拟电网教育平台还可以提供个性化的学习资源和培训内容。用户可以根据自己的学习目标和兴趣选择不同的学习路径和培训模块。平台可以提供有关电力系统的基础知识、设备操作指南、安全管理要求等教学内容。用户还可以参与交互式的学习活动，如解决实际电网问题、模拟电网规划等，提高实际应用能力。

沉浸式电力系统教育和培训方式允许用户通过与虚拟设备和场景的互动，学习并熟练掌握电网系统的运行原理和操作技能。他们可以理解不同设备之间的相互作用、能量传输和电力系统的结构。此外，用户还可以体验各种电网管理挑战，如应对突发故障、优化电力分配等，提高操作和管理水平。

通过将沉浸式技术融入电力系统教育和培训，电力企业创新教学方法，采用更加生动直观和实践导向的学习方式。在虚拟电网教育平台上，通过沉浸式体验，用户能够更深入地掌握电力系统的运作机制，并在模拟操作和电网管理挑战中锻炼解决问题的实践技能。这种创新的教育模式能有效地提升电网系统操作和管理的专业水平，有助于电力行业未来人才的培育。

4．数据产品常态化运维

数据产品的运维任务由省级公司负责集中管理，省级公司成立了专门的数据产品运维支持部门或中心，设立了服务专线，具体过程如下。

（1）用户可通过拨打数据服务专线，通过预设的按键操作，将电话转接至省级公司的数据产品运维支持部门的相关接单人员。

（2）后台接单人员在接收到用户信息后，会在后台的数据产品运维系统中记录下问题详情。

（3）系统随后会自动生成工单，并根据数据溯源逻辑确定问题的归属部门，后台接单人员会将工单转派至相应的数据运维部门进行处理。

（4）数据运维部门会独立处理或协调产品开发商、运营商、省信通公司等共同解决工单中的问题。

（5）问题处理完毕后，数据运维部门会向用户反馈处理结果。

（6）后台接单人员会在规定时间内通过电话和 OA 系统向用户告知处理结果。

（7）用户会收到服务评价通知（短信或电话）后，可在线填写并提交评价。

（8）工单信息归档保存。

（9）最后开展月度绩效考核。

对于业务部门无法解决的数据产品的问题，接单人员会将工单情况报告给数据管理部门，形成月度问题清单，并提出改进建议，制定数据产品性能优化方案。同时，设定工单处理期限和用户评价满意度的基准值，定期公布工单处理情况的报告，召开月度会议，并将工单处理情况纳入月度绩效考核体系。此外，数据运维部门还应建立常态化的产品运维机制，通过持续的测试、产品迭代更新和引入新技术等方法，不断优化数据产品的性能和提升运营效益。运维产品流程如图 4-5 所示。

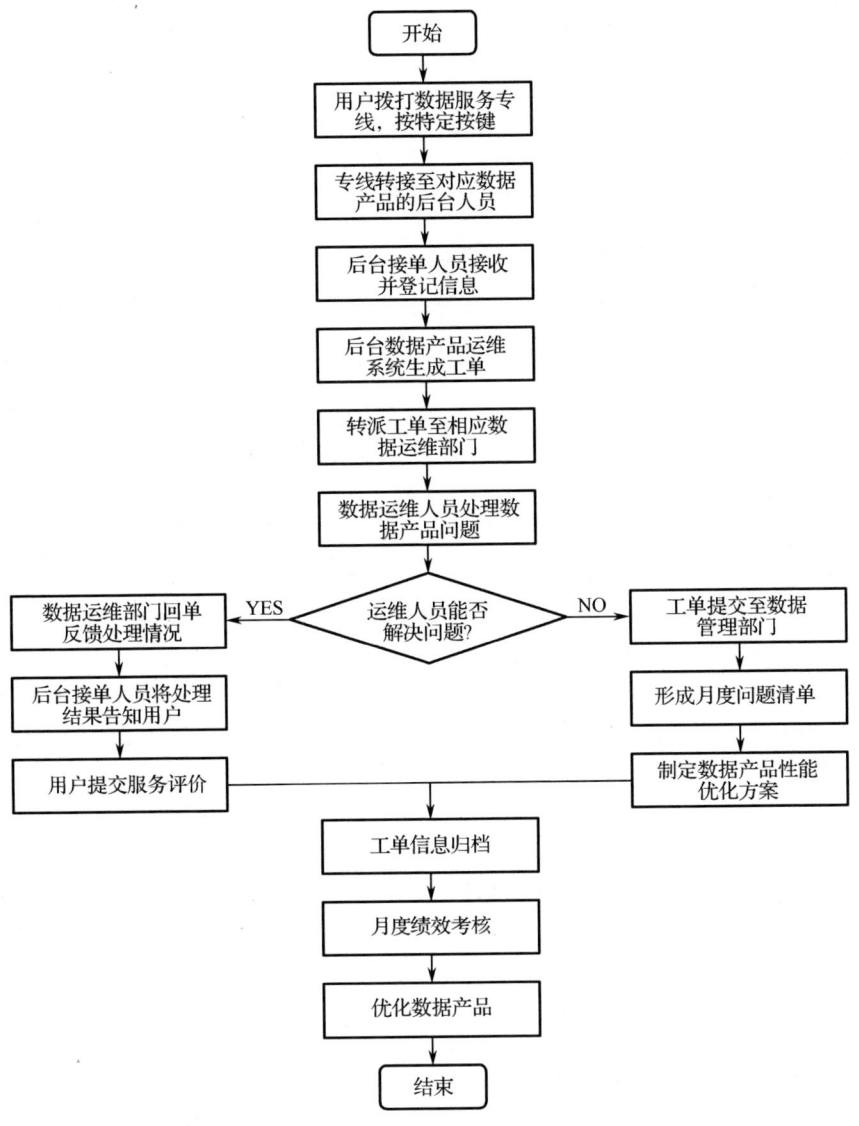

图 4-5 运维产品流程

4.4 数据共享流通机制建设

数据流通模块是电力系统智能化应用的核心部分，它通过建立数据交换和共享平台、创新数据共享与合作模式、应用区块链技术，以及构建数据回流共享机制，实现数据的安全、高效流动与利用。首先，数据交换和共享平

台的建设为电力系统中各参与方提供了一个统一的数据交换和共享的环境。通过制定统一的数据标准和接口，不同设备和系统能够以标准化的方式进行数据交换，从而无障碍地促进协作和信息共享，为决策支持和系统优化提供了坚实的数据基础。

数据共享与合作模式的创新是推动电力系统智能化发展的重要因素。通过开放的数据共享和合作模式，各参与方能够共享资源、知识和经验，实现共赢。这种创新可以通过开放数据共享、云平台合作和合作伙伴关系的建立等多种方式来实现，从而促进合作与创新，推动电力系统向智能化和灵活化发展。

区块链技术的应用为数据流通的安全性和可信度提供了保障。区块链能够确保数据的完整性、不可篡改性。通过在分布式的区块链网络中存储数据，任何数据的更改都需要经过网络中多个节点的验证，有效防止了数据的篡改和滥用，为数据流通提供了高度的安全保障。

数据回流共享的构建确保了数据能够从终端设备、传感器和系统快速、可靠地回流到中心数据处理和分析中心。这一机制如同建立了一条数据"高速公路"，加快了数据回流的速度和交换效率，为系统的实时优化和决策支持提供了及时、有效的数据。

这些措施为电力系统提供了强有力的数据支持，不仅促进了系统的运行优化和创新发展，也为各参与方提供了更多的合作机会和增值服务，共同推动电力系统的智能化和数字化转型。

4.4.1 数据共享标准化建设

在构建数据交换和共享平台时，必须考虑多个方面的因素，包括平台架构、接口和数据格式的标准化、数据安全和隐私保护，以及数据治理和管理。统一的数据交换和共享平台能够促进电力系统中不同参与方之间的数据流通，提升系统的运行效率和可靠性，并推动决策制定和创新发展。

1．平台建设

平台建设首先需要选择合适的硬件和软件资源，建立一个合理的网络架构和数据中心,确保平台的安全性、可靠性和可扩展性。同时,还需要配置和管理各种组件和服务,以提供全面的数据交换和共享解决方案。

(1)硬件和软件的选择:在选择硬件时,要考虑服务器、存储设备、网络设备等是否能够满足电力系统对高可用性和性能的需求。在软件方面,要选择能够确保平台稳定性和安全性的操作系统、数据库管理系统和应用软件。

(2)网络架构的建立:设计一个合理的网络架构,包括局域网(LAN)、广域网(WAN)和互联网的连接方式及拓扑结构,选择适当的网络设备和技术,并配置网络带宽和 QoS 策略,以保证数据传输的顺畅和快速响应。

(3)数据中心的建立:建立数据中心以保障数据的安全存储和硬件设备的正常运行,并考虑稳定的供电系统、环境控制(如温度和湿度)系统及灭火系统。同时,选择适当的地理位置以减少自然灾害和其他风险的影响。

(4)组件和服务的配置与管理:配置与管理包括数据存储、数据传输和数据处理等在内的各种组件和服务,如选择合适的数据库和文件系统,配置数据备份和恢复策略,以及建立数据传输和接收的接口、协议和 API,以实现不同系统间的数据流动和共享。

2. 接口标准化

接口标准化在新型电力系统的数据管理和价值实现中扮演着至关重要的角色。它不仅能够促进不同设备和系统之间的互操作性,简化数据集成和共享的过程,还能够激发市场竞争和创新,增强数据的安全性和隐私保护,以及推动行业合作和标准化进程。通过接口标准化,新型电力系统能够实现更高效、灵活、安全的数据交换和共享。

(1)实现设备和系统的互操作性:新型电力系统需要多个设备和系统的协同工作。接口标准化通过定义通用数据格式和交互方式,确保了不同设备和系统之间的兼容性,使它们能够无缝地交换和处理数据。这种互操作性提升了系统的整体性能和效率。

(2)简化数据集成和共享过程:统一的接口标准降低了系统集成的复杂

性和成本,使得数据的传输和解析变得更加简单和可靠。遵循接口标准,设备和系统能够轻松地生成和处理数据,从而高效地实现数据的交换和共享,提高了数据流动的效率和准确性。

(3)统一数据格式和协议规范:接口标准化定义了统一的数据格式,确保了数据在不同系统和设备间的正确解析和传递。采用广泛认可的数据格式(如 JSON 或 XML)和通信协议(如 MQTT 或 HTTP)可以提高兼容性,也可以根据特定需求定制协议。

(4)定义统一的元数据标准:元数据是描述数据特性的重要信息,如数据来源、更新时间等。接口标准化中需要定义统一的元数据标准,以保证电力系统能够有效利用这些数据。统一的元数据标准包括字段名称、类型、单位,以及数据的时间戳和质量信息,这增强了数据的可理解性和互操作性。

(5)具有可扩展性和兼容性:考虑到电力系统的持续演进和新技术的不断涌现,接口标准化的设计需要具备良好的可扩展性和兼容性。其可通过模块化设计、可插拔的接口和遵循开放标准来实现,确保新设备和应用能够无缝集成到现有系统中,同时支持系统的未来扩展和升级。

4.4.2 数据共享模式创新

1. 优化系统调度与运维

数据共享与合作在电力系统的调度与运维中起到了至关重要的作用。通过实时数据的流通,不同的组件和参与者能够共享运行数据、负荷信息和能源供应状况。这有助于实现更精准的系统调度和运维,提高电力系统的稳定性、效率,减少能源浪费,降低成本。

发电企业可以通过与潜在的消纳企业的数据共享来掌握实时的发电/用电状况。通过获取实时发电数据,消纳企业能够更准确地掌握供应情况,从而更有效地调度用电量,促进供需平衡。例如,在可再生能源领域,风速和光照等自然因素会对发电量产生影响。通过共享天气、风速和光照等信息,消纳企业能够更好地预测可再生能源的发电量,从而优化负荷调度和能源采购策略。同时，通过获取实时用电数据，发电企业也能更准确地了解消纳企业的需求，优化自身的发电计划，提升发电效率。

此外，数据共享与合作还有助于系统管理者更准确地制定调度策略和市场规则。系统管理者可以与各参与者共享实时的负荷数据和能源市场信息。通过共享负荷数据，系统管理者能够更全面地了解系统负荷状况，根据实时需求进行调整，避免负荷过度或不足，提升系统稳定性。同时，通过共享能源市场信息，系统管理者能够更好地理解市场需求和供应状况，制定更合理的市场规则和定价机制，促进市场的公平竞争和高效运作。

2．引领新兴业务模式

通过数据共享和合作协同，电力服务的提供者能够基于数据分析提供更加符合用户需求的电力服务和产品。

基于用电数据和用户行为模式，企业能够提供个性化的能源管理解决方案，帮助用户优化能源消费和节约成本。例如，一家能源服务提供商可以基于社区住户的实时用电数据和行为模式，利用机器学习和人工智能技术开发智能能源管理系统。该系统分析住户的用电行为，根据用户需求和可再生能源供应情况调整家庭能源供应，利用低谷时段进行能源储存，并智能调整家庭用电设备的运行模式，以实现能源消费的优化和节约。

通过共享数据和市场信息，参与者能够开展更精准的电力交易策略，优化供需匹配，提高市场效率。例如，一家能源交易公司可以与可再生能源发电企业共享数据，获取实时的发电量和天气预报等信息。基于这些数据，能源交易公司能够更精确地预测可再生能源供应，并在市场上制定相应的交易策略。可再生能源发电企业则可以根据市场需求和市场价格调整发电计划，更有效地供应能源，增加经济效益。

数据共享与合作还催生了新兴的电力共享经济模式。例如，一些电力共享经济平台允许个人和企业共享自身的发电设备和储能设备，为其他用户提供电力服务。通过共享实时发电用电数据和设备信息，用户能够实时了解可用的电力资源，并根据市场需求选择购买适合自己需求的电力服务。这种模式不仅提高了电力资源的利用效率，还为个人和企业创造了可观的收益。

数据共享和合作显著增强了电力系统的风险管理和决策支持能力。通过共享实时数据和市场信息，参与者能够更全面地掌握市场风险和趋势，从而做出更加明智的决策。例如，能源市场运营者可以通过与发电企业、消纳企业和储能设备的实时数据共享，更准确地评估市场风险和价格波动，进而制定更有效的市场运营策略。

数据共享还有助于风险预警和灾害响应，通过实时监测和共享数据可以减少系统损失并确保供电的稳定性。例如，通过共享天气数据、实时负荷数据和发电设备运行情况，电力系统管理者能够更准确地预测极端天气和突发事件对供电系统的潜在影响；在预警阶段及时采取措施，减少系统损失并提高供电的可靠性和稳定性。在灾害响应方面，数据共享使各参与者能够更好地协调行动，实时掌握供电系统状态，高效调度资源，确保救灾供电。

此外，结合机器学习和人工智能技术，数据共享和合作协同可以实现更为强大的风险管理和决策支持功能。通过分析历史和实时数据，识别潜在风险因素和异常情况，预测供需波动和市场趋势，这些分析结果可以为决策者提供准确的信息，帮助他们做出明智的决策，减少潜在风险。

4.4.3 数据流通的安全与可信

1．区块链技术的保障优势

区块链技术在确保新型电力系统数据安全性和可信度方面扮演着关键角色。作为一种去中心化的分布式账本技术，区块链通过加密和共识算法保障数据的安全性、透明性和不可篡改性。

区块链技术能够提供去中心化的数据管理和共享解决方案，保障数据流通的安全性和可信度。与传统的中心化数据管理相比，区块链技术通过在网络中分布式存储数据，降低了单点故障和数据篡改的风险。每个节点都保留着数据的完整副本，并通过共识算法达成一致的数据状态，确保了数据的安全性和一致性。因此，电力系统中的各参与方可以在一个可信的环境中进行数据流通，减少了信任成本和数据泄露的风险。

此外，区块链技术能够提供可编程的智能合约，推动数据流通和智能化应用的实施。智能合约是基于区块链的自动化合约，能够在没有第三方介入的情况下执行和验证合约条款。在电力系统中，智能合约可用于实现数据流通的各种场景，如能源交易、电力市场运营和能源管理等。通过智能合约，参与方可以依据预设的条款执行交易和操作，实现安全、高效的数据流通。这不仅减少了中间环节的成本和风险，还提高了数据流通和智能化应用的效率和可靠性。

数据在区块链上以加密形式存储，只有拥有相应密钥的参与方，才能解密和访问数据。同时，区块链的共识算法确保了数据的一致性和不可篡改性，防止了数据在流通过程中被篡改、拦截或伪造。因此，区块链技术提供了一种安全且可信的数据流通机制，为电力系统的数据管理和智能化应用提供了强大保障。

2．实施流程

区块链技术实施数据流通安全与可信的流程主要包括以下几个核心步骤。

（1）搭建区块链网络：搭建一个去中心化的区块链网络，允许参与者进行数据的共享与验证，并通过共识算法达成共识。该网络可以基于公有链或私有链，具体取决于应用需求和参与者属性。

（2）数据加密与数字签名：在数据传输前，对其进行加密处理，并施加数字签名。数据加密确保数据只能被持有正确密钥的参与者解密访问，而数字签名则用于验证数据的完整性和来源。篡改数据会让其他节点检测到变化。

（3）数据记录与验证：数据在区块链上以区块形式记录，每个区块包含一系列数据记录。参与者通过共识算法（如 PoW 或 PoS）验证并确认新的数据记录，确保数据的一致性和不可篡改性。

（4）共识算法和区块链确认：共识算法解决了分布式系统中数据一致性的问题。在区块链网络中，所有参与者通过执行共识算法达成对数据记录的共识。一旦共识达成，新的数据记录将被确认并添加到区块链中。

（5）数据流通与智能合约执行：数据记录上链后，参与者可以利用智能合约来执行与数据流通相关的操作。智能合约是一段预先编写的自动化代码，会根据既定条件自动执行交易。

（6）数据访问权限控制：区块链上的数据可以根据参与者的权限进行访问控制。通过身份验证和访问权限管理，确保只有授权参与者能够访问特定数据，保护数据的安全性和隐私性。

整个过程中，区块链技术通过数据加密和数字签名确保数据的机密性和完整性，通过共识算法和区块链确认保障数据的一致性和不可篡改性，通过智能合约的自动执行实现数据流通的便捷性和可信赖性。

4.4.4 数据回流共享能力提升

构建数据回流共享的"高速公路"是新型电力系统数据管理和价值实现的关键特征。这条高速通道的建设目的是为参与者提供一个高效、安全、可信的数据回流路径，以实现数据资源的充分共享、动态管理和协同应用。

这条"高速公路"旨在实现数据资源的全面共享。新型电力系统涉及多方参与者，如发电企业、消纳企业和储能设备等，它们生成的数据，包括实时的负荷数据、能源市场数据和设备状态数据等，蕴含着宝贵的信息。通过这条"高速公路"，各参与者得以将自己的数据资源上传至共享平台，供其他成员使用。这种资源共享机制能够加速数据的流通和共享，提升数据的价值及应用潜力。

这条"高速公路"能够实现数据资源在时间和空间上的动态调整。由于不同参与者在不同时间段和地理位置对数据的需求各不相同，这条"高速公路"为参与者提供了按需获取数据资源的能力。例如，消纳企业可能需要实时负荷数据来进行调度决策，而储能设备可能需要实时市场数据来优化其运作。通过这条"高速公路"，数据资源可以按需分配和交换，从而实现灵活且动态的数据管理。

这条"高速公路"促进了数据资源的协同利用。在新型电力系统中，各参与者之间需展开紧密合作，通过共享、整合和分析各种数据资源，提升电力系统的运行效率和智能化水平。该高速通道为参与者提供了一个便于数据资源共享与协同分析的平台，从而推动数据资源的协同应用和价值挖掘。基于这一平台，参与者可以利用全面的数据资源进行需求预测、调度优化和风险管理等任务，从而有效提升电力系统的运行性能和稳定性。

1．"送数回家"基层数据回流共享流程

为了使用户能够迅速查找和利用数据资源，增强业务处理能力，并辅助基层政府作出科学决策和精确服务，系统必须实现数据的基层采集和跨层级共享。地方公司通过在中心数据库建立区县级视图或部署数据服务 API，将集中在中心数据库的区县级高频业务数据回流至各个区县，充分利用数据的潜在价值。数据回流共享流程如图 4-6 所示。

2．构建数据回流共享机制

1）精准化基层数据需求

与市、县各级政府部门和电力企业进行深入沟通，全面了解他们对高频数据的具体需求和优先级。该操作可通过定期会议、访谈和协作来完成，以确保准确捕捉到市、县电力系统在电力系统运营、规划和管理方面的数据需求。

业务团队与相关政府部门和电力企业的紧密合作对把握基层用电需求至关重要。这涉及与政府、能源管理部门、电力公司等建立稳固的合作关系，业务人员与他们定期交流和沟通，深入了解他们的数据需求，并根据实际情况进行相应的调整和优化。

此外，业务团队还需要详尽地了解相关政府部门和电力企业所需数据的具体信息，包括数据的种类、格式、时限等。例如，掌握市、县电力系统在电力生产方面所需的数据类型，如发电量、负荷数据、供电可靠性指标等。这种详尽的高频数据需求了解将有助于构建高效的数据回流共享机制。

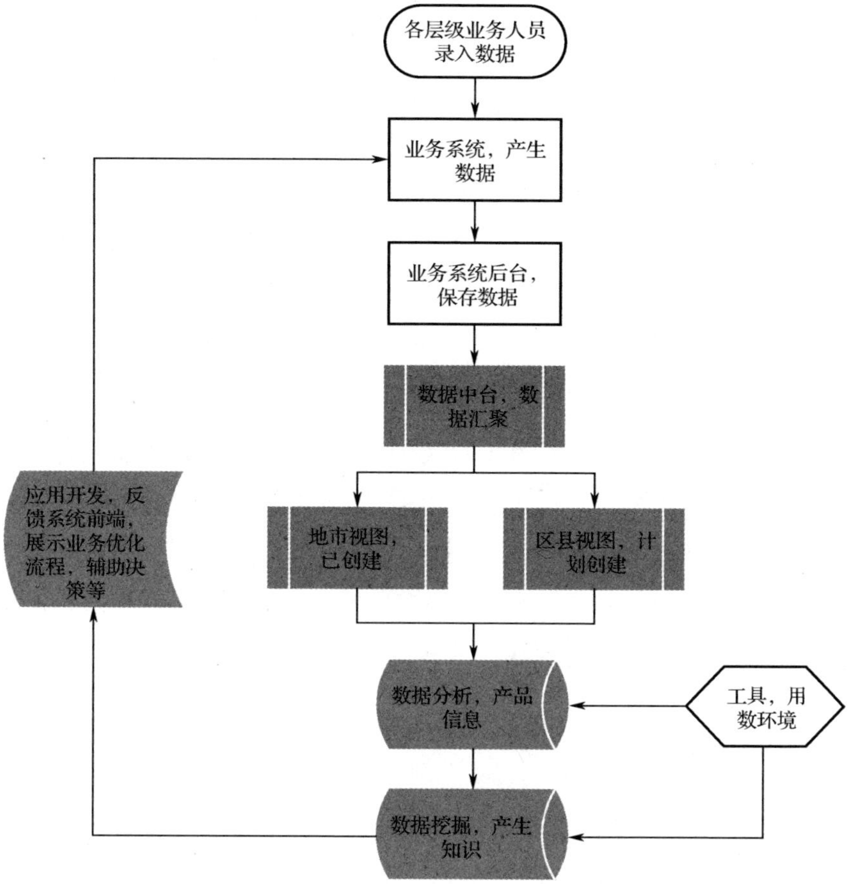

图 4-6 数据回流共享流程

2）编制数据资源目录清单

基于对基层数据需求的深入研究，编制一份符合实际需求的高频数据资源目录清单。该操作可通过与市、县政府、能源管理部门、电力企业及其他利益相关方的会议和访谈来实现，以全面掌握市、县电力系统管理和决策的关键数据需求。

业务人员梳理并编制出市、县电力系统所需的高频数据资源目录清单，涵盖各类电力相关数据。其中不仅包括电力生产数据、电网运行数据、负荷数据，还可能包括用电用户数据等。根据实际情况，可以进一步细化数据类型，如发电机组运行状态、输电线路负荷情况、用电用户分布等。

在列出电力相关数据类型后，需要分析数据的重要性和紧迫程度，并与市、县相关部门和电力企业讨论，以确定哪些数据对于电力系统的运行和管理至关重要，优先考虑将这些数据纳入目录清单中。最终，将研究和分析得到的数据类型具体化为目录清单，为每个数据类型指定明确的名称和描述，以便参与者可以清楚地理解其含义和价值。这份目录清单应该是具体、全面且易于理解的，以确保市、县相关部门和电力企业可以准确了解所需的高频数据。

3）由省级公共数据平台进行统一管理

将编制好的高频数据资源目录清单交由省级公共数据平台进行集中管理。该平台将承担数据的收集、整合、存储和分发职责，确保数据的一致性和可靠性。

首先，构建一个专门的省级公共数据平台，该平台应具备强大的数据处理和协调能力，并与市、县的数据平台及相关部门建立紧密的连接。省级公共数据平台将负责通过多种渠道收集市、县电力系统所需的高频数据，包括与政府、能源管理部门、电力企业等合作，主动获取数据，或设置数据采集接口，以便相关部门可以将数据上传至平台。此外，平台还可以基于数据共享协议和标准，实现与其他相关平台的数据共享。其次，收集到数据后，省级公共数据平台需对数据进行整理和存储，确保数据的一致性和可靠性。平台可以运用数据清洗、验证和整合技术对数据进行处理，以保证数据的质量。同时，为了保护数据的隐私性和完整性，平台应采取相应的安全措施。其次，整理和存储完成后，省级公共数据平台将根据市、县电力系统的需求对数据进行分类和标注，并通过数据共享机制，向市、县相关部门和电力企业提供数据服务。该操作可通过数据接口、开放数据集、数据订阅等服务方式来实现，以满足市、县方面的数据获取和应用需求。此外，省级公共数据平台还负责对数据质量进行持续监控和管理，包括对数据的准确性、时效性和完整性进行定期检查，以及时修正和更新数据，解决数据质量问题。最后，平台将建立反馈机制，根据市、县电力系统的数据需求反馈和问题报告，以便不断改进数据管理流程和提升数据服务质量。

4）实施数据分类和分地区回流策略

基于地理位置和市、县特定的需求，对数据进行分类和集中处理。根据各市、县的特定情况，对数据进行细致的分类，以确保满足地方化需求。市、县可以根据省级行政划分、地区性特征或其他分类标准进行划分，以便更准确地把握各地的特点和需求差异。例如，考虑地理位置、经济发展水平或能源资源分布等因素进行地区划分。

完成地区划分后，进行深入的需求分析。与市县政府、能源管理部门、电力企业等主体进行交流，掌握每个市、县对高频数据的具体需求。这可能包括电力生产数据、电网运行数据、负荷数据、用电用户数据等多个方面的需求，并根据实际情况进行进一步的细分。

根据需求分析结果，对收集到的数据进行分类。利用地区划分和市、县间的需求差异，按照不同的分类标准对数据进行组织。例如，电力生产数据可以按照不同的发电方式或发电厂进行分类，电网运行数据可以按照不同的电网区域进行分类，负荷数据可以按照不同的用户类型或市县进行分类。

在数据分类的基础上，对数据进行整理和集中处理，包括清洗、去重、格式转换等操作，以确保数据的一致性和标准化。同时，制定明确的数据处理规范和流程，以保持数据处理的一致性和高效性。

5）实现数据回流至各市、县电力系统

在数据分类和集中处理完成后，省级公共数据平台将数据传输回各市、县电力系统，并确保数据的实时性和准确性。该平台通过数据接口、数据订阅、数据推送等方式，将数据发送到市、县相应的数据平台或部门。同时，建立数据反馈机制，接收市、县的数据使用反馈和需求变更，以便调整数据分类和处理策略，适应不断变化的需求。

建立一个高效协同的数据回流共享机制，可以促进市、县间的数据共享和流通，满足地方化需求，支持电力系统的管理和决策。这样的机制能够提升数据的可利用性和利用效率，促进跨地区的数据共享与合作，推动新型电力系统的持续发展和优化。

4.5　基层用数环境体系建设

电力公司秉持"可用、实用、易用"的原则，结合公司的数据资源管理、数据共享开放、数据质量检查等数据治理成果，实现"管理"与"应用"的有机结合。利用中台现有的组件能力，从基层业务人员的实际需求出发，以满足他们在各种场景下的数据需求为目标，发挥电力公司信息化建设与应用的优势。深度整合现有的数据资源和应用能力，为最终端的业务用户打造一个集成数据查询、指标中心、报表中心、统一门户的用数环境。提供"统一入口、统一环境、统一权限"的使用体验，帮助业务用户通过统一门户实现从自助式模型处理到指标查询、报表构建、统计分析的一站式数据应用体验。

基层用数环境架构设计完全遵循电力公司的顶层设计框架及相关内容，包括数据查询工具、指标中心、报表中心、AI 平台，以及满足用数环境所需的权限中心、服务中心和数据运营服务平台，具体如图 4-7 所示。

创建一个统一的门户平台，以实现应用展示、价值释放和业务赋能的整合。传统的门户平台通常只是简单地将独立的应用和平台工具罗列出来，提供访问入口，但没有实现数据应用的协作和资源的互联互通。因此，需要建立一个数据应用的统一访问和管理平台，提供应用集成功能，并通过多种方式整合基于数据中台开发的应用。这个平台将包括应用中心、开发者中心、用数中心和综合分析等功能，并建设一个知识共享和交流的开放社区，以及完善的运营机制。此外，它还将搭建起用户业务需求和平台应用之间的桥梁。

随着数据中台的建设和管理水平的提高，虽然各个领域都拥有独立的数据应用工具，但缺乏一个统一的体系化数据应用平台。为提高数据应用能力，更好地服务业务数据用户，需要统筹现有的数据成果和应用能力，建设一个完整的用数环境，包括开展数据应用的整合和用数中心体系的建设工作，全面梳理当前数据应用相关的系统工具和数据现状，分析问题，制定改进措施，深化系统应用，提升和改善数据应用环境。

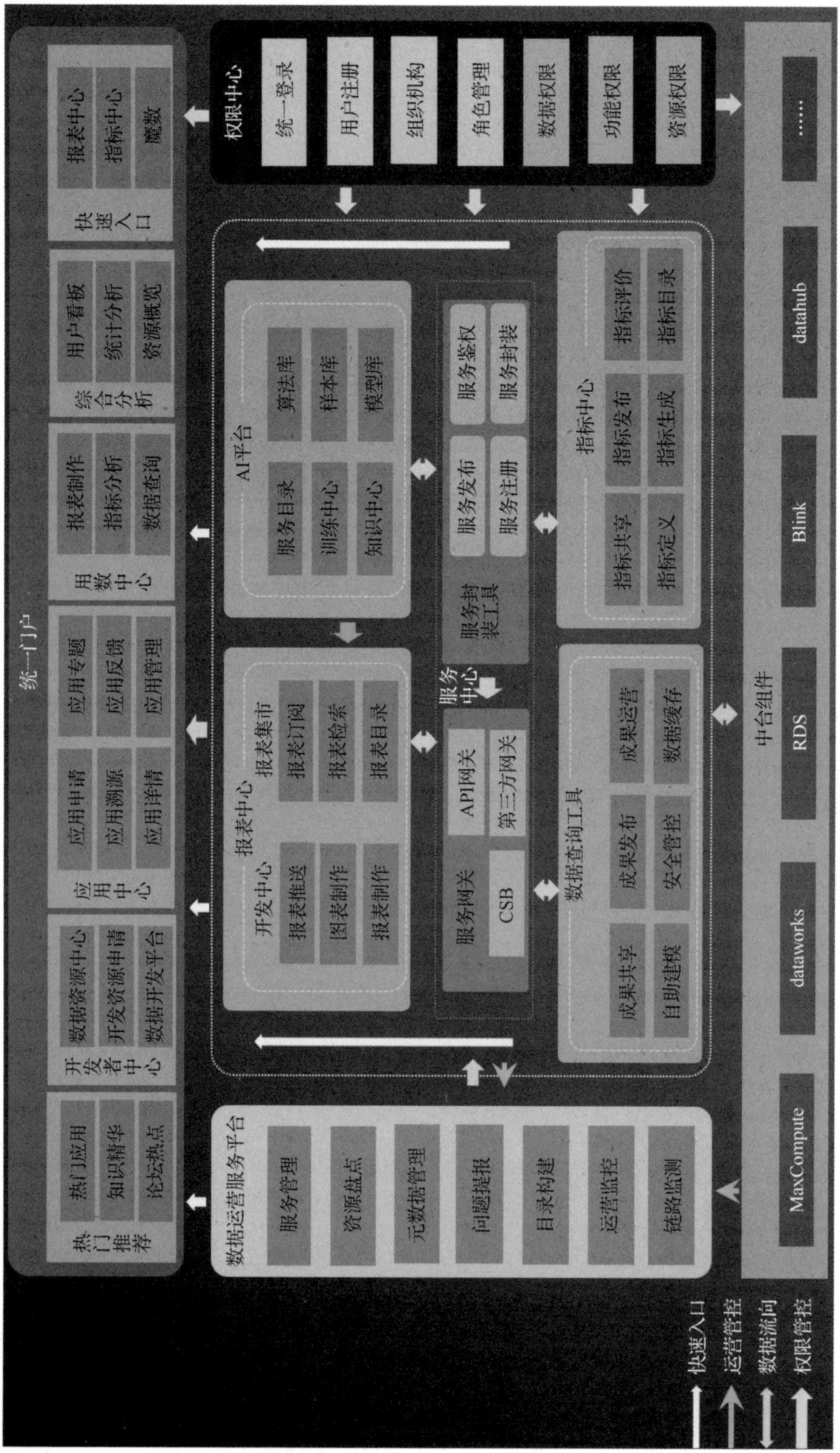

图 4-7 基层用数环境架构

目前，各数据应用工具的数据权限由各自的平台进行管理，导致同一用户在不同应用间的权限不统一，造成了大量的重复权限赋予操作。为了实现权限的互通，需要建设一个数据权限中心，实现用户数据、应用功能和资源权限的集中化统一管理。整合组织机构管理、用户注册和数据权限的统一管控，可以实现用户在一个平台上注册，全平台通行；数据权限在一点赋予，全局可用。同时，对各平台组件的功能权限和资源权限进行统一管理，为用数中心体系的建设提供权限管控的基础。

最终，基层用数环境纳入了一系列面向基层的低代码用数工具库，包括数据运营服务平台、数据查询工具、指标中心、报表中心、AI平台、权限中心和服务中心等。

1．数据运营服务平台

数据运营服务平台是数据中台建设和运营的关键产品组件，它工具化了数据运营体系，提供了服务管理、资源盘点、元数据管理等支撑能力，服务于数据中台的建设者、运营者和使用者。在用数环境中，该平台负责源端数据、中台数据、服务数据的数据资源盘点和数据服务的运营监控等。

2．数据查询工具

数据查询工具是数据管理与应用产品系列的一部分，它通过简化应用门槛、促进成果共享、辅助目录生成和保障应用安全等方式，助力构建"数据应用共享社区"，提升企业的数据管理与应用水平。在用数环境中，数据查询工具提供数据自助建模和数据处理能力，支持成果的服务化发布。

3．指标中心

指标中心以指标共享、指标发布、指标评价等为主要能力，构建企业级指标中心，支持快速高效的多场景指标应用需求，解决跨专业跨部门指标管理复杂、数据获取困难、共享程度低等问题，提升数据获取和共享应用效率，促进数据资产沉淀，挖掘数据价值，推动业务创新，赋能企业核心能力体系。

4．报表中心

报表中心是一款支持敏捷自助式报表设计和统一报表管理的产品组件，提供报表推送、图表制作、报表制作等报表工具支撑能力，实现企业级报表的"统一设计、统一口径、集中管理、分级授权、数据共享"。

5．AI平台

AI平台基于阿里云AI组件，提供数据服务、模型训练服务、模型生成服务和算法脚本服务，包含算法库、样本库、模型库等。该平台旨在降低大数据计算的AI使用门槛，提高AI开发效率，帮助数据运营管理、数据中台建设、模型算法的开发者，使数据开发更加智能化，让数据组件"随用随智"。

6．权限中心

权限中心包含用户注册、组织机构、角色管理、数据权限等功能模块。其目的是实现权限的集中管理，加快各业务系统之间的信息共享与融合，为业务功能组件化管理提供权限服务支撑，提升业务应用及分析决策能力。同时，权限中心可确保系统内人员、组织机构数据的一致性，通过安全、高效的数据同步技术，提高调整效率。

7．服务中心

服务中心是用数环境中的一个重要组成部分，它包含了服务封装工具和服务网关。服务封装工具负责将来自查询工具、指标中心、报表中心、AI平台等的服务封装和服务发布；而服务网关则基于阿里云的CSB、API网关及第三方网关，提供服务的统一接入和安全防护能力。服务中心负责管理和协调各个工具模块之间的数据交互，并提供统一的数据交互服务。

构建完成后,基层用户可以通过用数环境发布和共享数据产品。用数环境汇集了各专业多场景的数据应用图表、分析报告、算法模型、场景展示等各类成果。基层用户可以搜索并提交使用申请,经过数据产品所有者和数字化部门的审批后,就可以获得数据产品并进行自定义改造,实现基层数据创新成果的共享和共用。

第5章 | Chapter 5

数据共享与应用机制评估

数据运营的终极目标是将数据转化为公司的核心资产，实现数据资产的价值最大化，并确保这些资产是可见、可用和可控的。针对电网企业的数据管理与价值应用实际情况，研究人员参照国内外权威的数据管理能力成熟度评估模型，整合电网企业的具体需求和数据管理与价值应用的现状，研发了一套专为电网企业设计的数据管理与价值应用能力评估模型。该模型的设计是为电网企业描绘出一个明确的数据管理能力发展蓝图，并帮助电网企业精确评估其在数据管理与价值应用方面的能力水平，识别主要问题，并明确提升数据管理与价值应用能力的途径。

数据管理与价值应用能力评估模型包括电网企业数据战略、数据治理、数据架构、数据标准、数据平台、数据应用、数据质量、数据安全、数据生存周期 9 个过程域（见图 5-1），细分为 32 个子领域（见表 5-1），并设立了一个包括 5 个体系评价等级的评估体系，以全面评价电网企业的数据管理能力成熟度。

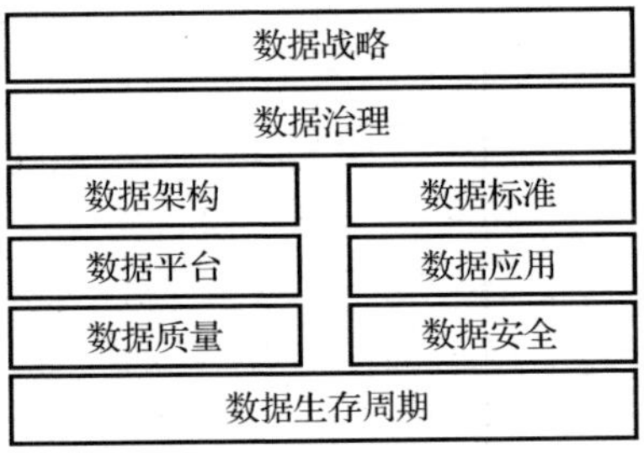

图 5-1　数据管理与价值应用能力评估模型的过程域

表 5-1　数据管理与价值应用能力评估过程域和子领域

过程域	子领域
数据战略	数据战略规划
	数据战略实施
	数据战略评估
数据治理	数据治理组织
	数据制度建设
	数据治理成效
数据架构	数据模型
	元数据管理
	数据存储
	数据集成
	数据共享

续表

过程域	子领域
数据标准	标准发布
	标准执行
	标准审计
	指标数据设计
数据质量	数据质量需求
	数据质量检查
	数据质量分析
	数据质量提升
数据安全	数据保密性
	数据完整性
	数据身份认证
数据应用	数据分析
	数据开放共享
	数据服务
数据平台	管理规范性
	技术合理性
	架构合理性
数据生存周期	数据需求
	数据设计和开发
	数据运维
	数据退役

1．数据战略

数据战略涉及电网企业对数据工作的愿景、目的、目标和原则的制定，它是推动数据成为公司核心资产的根本动力。数据战略包括数据战略规划、数据战略实施和数据战略评估 3 个子领域。电网企业需要根据自己的数据需求，明确数据管理的愿景、目的、目标和原则，并建立数据职能框架。企业应评估当前的数据管理与价值应用状况，以及其与企业愿景和目标之间的差距，制定可分阶段实现的数据战略任务目标，并确定实施步骤。在数据战略的实施过程中，电网企业应监控任务的进展情况，评估实施的质量，并在必要时对战略进行调整。数据战略的理念——"用数据说话、用数据决策、用数据管理、用数据创新",已被广泛接受,并逐渐渗透到电网企业管理的各个方面,从而释放数据蕴含的巨大价值,并持续提高企业的运营效率和效益。为了确保数据战略的有效实施,需要建立一个能够持续推动数据治理的工作机制,包括建立分工清晰、涵盖网络和省两级的数据管理组织结构;制定涵盖顶层政策、专项方法和实施细节的三层数据管理制度体系;以及建立责任明确、责任到人的数据问责机制。

2. 数据治理

数据治理涉及对数据的管理、组织和规范化流程。电网企业的数据治理包括数据治理组织、数据制度建设和数据治理成效 3 个子领域。电网企业需建立专门的数据组织结构和岗位,明确各岗位职责,制定数据治理政策和体系,并以此指导和规范数据治理活动的开展。同时,需要建立有效的沟通和问责机制,以巩固数据治理的基础,并确保数据治理工作能够有序且高效地进行。

3. 数据架构

数据架构是指定义电网企业的数据需求,指导数据资产的分布控制和整合,以及部署数据共享和应用环境的一套全面规范。它包括数据模型、元数据管理、数据存储、数据集成和数据共享 5 个子领域。电网企业应设计企业级数据模型以满足企业的数据需求,并设计应用级数据模型来明确数据在信息系统中的分布和权威数据源。此外,电网企业还需建立包括创建、存储、整合与控制在内的元数据管理机制,以及跨系统、跨专业的集成共享机制,共同承担数据架构的相关职责。

4. 数据标准

数据标准确定了数据的命名、定义、结构和取值的具体规范。电网企业的数据标准包括标准发布、标准执行、标准审计和指标数据设计 4 个子领域。

电网企业应从制定和管理两个方面出发，建立包括业务术语、参考数据、主数据和指标数据在内的全面数据标准体系。该体系旨在实现企业范围内对业务和数据的一致理解，对参考数据和主数据的统一及权威认定，以及对指标数据的标准化和统一。数据架构和数据标准共同为企业的信息化建设提供指导和规范。

5. 数据质量

数据质量是指数据在特定背景下满足其描述和应用需求的程度。电网企业的数据质量包括数据质量需求、数据质量检查、数据质量分析和数据质量提升4个子领域。电网企业应根据数据模型、数据标准、元数据和业务逻辑等因素明确数据质量的具体需求，并通过数据质量监测和核查来验证数据是否满足质量要求。对于发现的问题，电网企业应进行深入分析并解决，建立常态化的闭环数据质量管理机制，以持续提升数据质量，从而加强数据管理与价值应用的基础。

6. 数据安全

数据安全涉及保护数据免受未经授权的访问、保持数据的完整性以及确保数据的可用性。电网企业的数据安全包括数据保密性、数据完整性和数据身份认证3个子领域。电网企业应根据管理需求、监管需求和标准等信息，统一制定数据安全标准和策略，以满足企业的数据安全需求，并通过数据访问授权、分类分级控制等管理措施来实施数据安全保障。同时，电网企业应从流程、规范、法规和供应商等方面对数据安全进行审计，以确保满足安全需求和监管需求，及时发现数据安全隐患和问题，并提出数据安全管理建议，优化和提升数据安全管理水平。

7. 数据应用

数据应用是指以实现数据价值为目标，对数据进行加工处理并产生成果的过程。电网企业的数据应用包括数据分析、数据开放共享和数据服务3个子领域。电网企业需要建立包括常规统计报表、多维分析、动态预警和趋势分析在内的数据分析体系，并在确保数据安全的前提下，积极促进数据的内部共享和外部合作，推动数据在跨企业、跨行业中的融合应用，支持企业的精细化管理和决策分析。同时，电网企业应探索基于现有数据和市场需求，开发数据产品，创新经营模式，实现数据的增值。

8．数据平台

数据平台是指企业内部集成了数据集成、数据存储、数据管理和数据应用等服务的综合平台。电网企业的数据平台包括管理规范性、技术合理性和架构合理性3个子领域。数据平台是电网企业有效管理和应用数据的基础，管理过程中需要建立统一的规范体系，指导数据平台的构建、管理和应用。通过数据平台，电网企业可以促进相关标准、架构和制度的落实，推动数据的有效融合和共享。

9．数据生存周期

数据生存周期是指从数据创建到销毁的整个过程，在这一过程中原始数据被转化为可用于决策和行动的知识。电网企业的数据生存周期包括数据需求、数据设计和开发、数据运维及数据退役4个子领域。数据生存周期的每个阶段都对数据质量有着重要影响，因此，电网企业应当采取全面的数据生存周期管理方法，确保在周期的各个环节中均采取规范的管理措施，以共同推动数据质量的提高和数据的有效应用。

电网企业的数据管理与价值应用能力评估分为5个等级，分别是初始级、受管理级、稳健级、量化管理级和优化级。

初始级：电网企业尚未认识到数据的重要性，缺乏统一的数据管理流程，"数据孤岛"现象普遍，数据质量问题经常导致客户服务质量下降和人工维护工作负担加重。

受管理级：电网企业开始认识到数据是一种资产，并根据管理策略制定了初步的数据管理流程，指定了管理人员，并识别了数据管理和应用的相关人员。

稳健级：电网企业将数据视为实现目标的关键资产，并在企业层面建立了标准化的数据管理流程，能够快速响应数据需求，并拥有详细的数据需求响应处理规范和流程。

量化管理级：电网企业认识到数据在获取竞争优势和提升业务流程效率、工作效率方面的作用，数据管理流程得到全面优化，数据管理工作实现量化考核，并利用相关工具支持考核过程。

优化级：数据被视为企业生存和发展的基石，数据管理流程能够实时调整优化，并在行业内分享最佳实践。

电网企业的数据管理与价值应用能力评估模型不仅是一个成熟度评估工具，也为电网企业的数据管理提供了一个清晰的发展蓝图，并指明了实现这一蓝图的路径。电网企业可以以数据管理与价值应用能力评估为起点，通过能力评估，准确识别数据管理与价值应用各个过程域的发展现状和主要问题，并依据模型中不同成熟度等级所指示的能力提升路径，有针对性地提升数据管理能力。

数据管理与价值应用能力的评估是一个持续的过程，需要定期或不定期地进行。电网企业在解决评估中发现的问题并提升数据管理能力后，应再次进行评估，以评估之前问题的解决情况、数据管理能力的提升程度以及仍存在的问题，为未来的数据共享和应用能力提升提供指导方向。

第6章 | Chapter 6

电力数据共享与应用案例

6.1 基于实效评价体系的超容预警整治大数据分析应用

6.1.1 问题的提出与分析

超容违约用电整治是近年省公司部署开展工作的重点，目前某地市公司超容违约用电整治整体形势依然严峻，2023 年 6 月最新数据统计显示，某地市公司供电辖区内超容用户数量排全市首位，占全市超容用户总数的 58.73%，部分专变用户的负载率达 140%以上，极易造成变压器、线路烧毁，引起电力主干线路跳闸，不仅危害电网安全稳定运行，而且会导致相关统计数据失真，造成用户偷逃基本电费，侵占供电公司营收利益。

目前，从基层人员开展超容违约用电整治工作方面来看，主要存在以下问题：一是超容监测方式较为传统，主要依托定期开展线下实地勘察、线上人工导出用电数据等方式进行计算监测，耗费大量人力和时间成本，无法发挥数据应有价值。二是缺乏超容成效跟踪体系，台区经理超容整治工作成效缺乏检验，容易造成"打一枪、换一炮"现象，且营销部门及供电所管理层难以实时掌控超容整治工作进展。从超容专变用户对超容原因自查、自纠的需求来看，缺乏一套具有科学性、可行性、实效性的判断超容用电原因的量化诊断工具。针对上述问题与需求，某地市公司研发出一套企业用电超容归因诊断模型工具，以及基于实效评价体系的超容预警整治大数据分析应用工具，充分地利用业务数字化驱动需求侧超容自纠与供给侧超容整治同步改进，助力电网安全稳定运行保障工作提质增效。

6.1.2 数据概况

1．数据准备

本应用数据主要来源于营销 2.0 用户档案信息、用采 2.0 专变负荷数据、台区经理档案信息等，申请电量数据批量查询、负荷数据批量查询、示值数据批量查询、台区经理档案等相关数据表，基于供电所、电流互感器（CT）、电压互感器（PT）、最大需量（R）、台区经理、下辖专变台区等字段，开展大数据成果研发工作。

2．数据处理

依托浙电云平台创建 SQL 节点，浙电云平台数据处理如图 6-1 所示。基于电量数据批量查询、负荷数据批量查询等数据表，通过表间链接形成 5 月和 6 月专变运行情况宽表，最大运行容量 C 计算公式如下：

$$C = \mathrm{CT} \cdot \mathrm{PT} \cdot R$$

分别计算 2023 年 5 月各专变的最大运行容量、6 月各专变的最大运行容量等字段，将计算结果同专变的合同容量进行对比，判断专变的超容运行情况及台区经理的超容整治成效，为台区超容整治专项工作提供重要数据支撑。

```
1  ----------1、运行比例----------
2  CREATE TABLE zbyxbl AS
3  SELECT a.*
4      ,ROUND(a.本月最大运行容量/a.htrl*100,2) AS 本月运行比例
5      ,ROUND(a.上月最大运行容量/a.htr1*100,2) AS 上月运行比例
6  FROM (
7      SELECT *
8          ,ROUND(ct*pt*max_t,2) AS 本月最大运行容量
9          ,ROUND(ct*pt*max_l,2) AS 上月最大运行容量
10     FROM zhuabianxuliang_max
11 ) a
```

图 6-1 浙电云平台数据处理

其中，判断专变是否超容根据最大运行率 P 进行计算：

$$P = (C_{\text{最大运行容量}} / C_{\text{合同容量}}) \times 100\%$$

若 $P \geqslant 1.05$，则该专变定义为超容用户；若 $0.8 \leqslant P < 1.05$，则该专变定义为预警用户；若 $P < 0.8$，则该专变未在预警范围内。

6.1.3 研究方案

1．专变运行基本情况分析

排除 5 月和 6 月专变运行情况宽表内的数据空值记录、分布式新能源用

户记录，2023年6月，某地市数据显示有效的专变运行记录共计3191条，超容用户（$P \geqslant 1.05$）总计877个，占比高达27.48%，预警用户（$0.8 \leqslant P \leqslant 1.05$）总计497个，占比达15.58%，全市超容用户表如表6-1所示。上述两种需关注的专变用户数量占全市比例超40%，对于超容用户亟须增加整治力度，对于预警用户建议加强现场询问，警惕发生超容现象。造成这一现象的主要原因是：随着后疫情时代来临，全市经济复苏加快，此地市作为工业强县，企业订单超预期增长，导致企业未及时申请开展专变增容业务，出现大量超容现象。

表6-1 全市超容用户表

分类	专变数量/个	占比/%
超容用户	877	27.48
预警用户	497	15.58
未预警用户	1817	56.94

2．超容专变分布分析

基于全市专变运行基本情况，结合供电所、线路和专变对应信息，对2023年6月全市超容专变供电所分布、线路分布及时间分布情况进行分析。在供电所分布方面，C供电所超容专变数量高达229个，居全市第一位，占该供电所所有专变数量的21.26%，但由于专变总数同为全市最多（1082个），相较其余供电所治理成效最高。而B供电所治理成效相对最低，超容专变数量占供电所全部专变数量的30.50%，超容专变供电所分布如图6-2所示。

由于C供电所专变数量最大，B供电所治理成效相对最低，上述两个供电所对超容整治工作开展来说优化空间最大。B、C供电所共涉及存在超容现象的用户线路203条，B供电所超容数量前三名的线路为：B1线、B2线、B3线，而C1线、C2线、C3线为C供电所超容数量前三名，超容专变线路分布如图6-3所示。因此，需重点针对上述线路开展超容整治。

从图6-4来看，可以发现超容专变时间分布曲线类型为双峰型，符合此地市以工业为主的产业形态。其中，负荷专变最大需量发生时间在8时、9时、10时的数量最多，分别为75个、107个、105个，14—16时段的超容专变数量次之。台区经理可以有针对性地在 8—10 时段及 14—16 时段内加强超容监测力度。

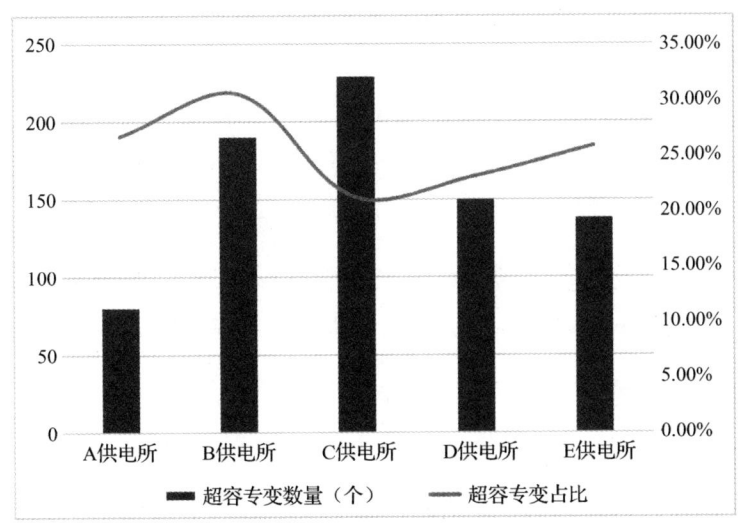

图 6-2　超容专变供电所分布

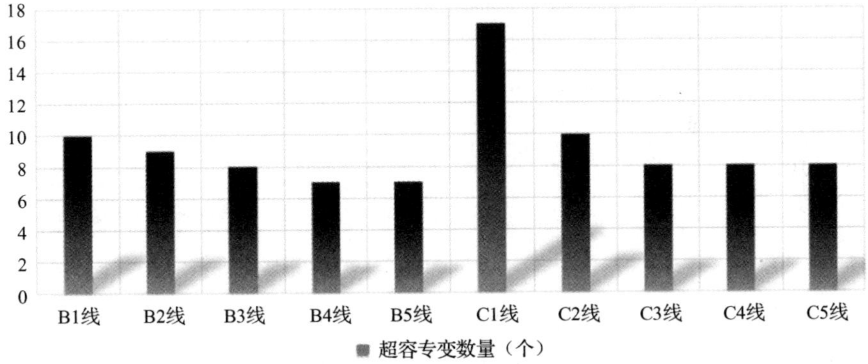

图 6-3　超容专变线路分布

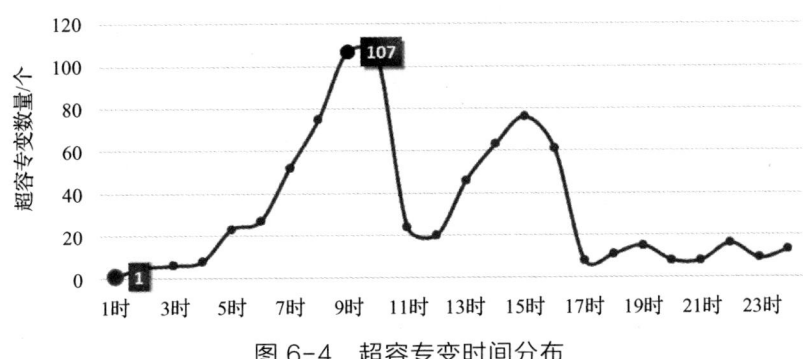

图 6-4　超容专变时间分布

3. 企业用电超容归因聚类分析

对供电企业而言,需要了解企业专变超容的具体原因,并以此开展整治行动,从根本上消除超容违约用电行为。而对专变用户而言,在排除了因私拉乱接用电设备或私自增容等主动行为导致的超容现象外,迫切地需要了解自身的超容用电是因为生产产量上升还是用能效率低下导致的,并据此指导调整用电方式或升级用电设备,达到企业降费增效的目的。

为了解决以上需求,给企业提供超容原因的宏观判断依据,研究人员采用基于密度的DBSCAN聚类算法建立企业用电超容归因诊断模型。

1)DBSCAN聚类算法的原理与流程

(1)DBSCAN聚类算法简介。

DBSCAN是一个比较有代表性的基于密度的聚类算法,它基于一组"邻域"参数(ε, MinPts)来刻画样本分布的紧密程度,将簇定义为密度相连的点的最大集合,能够把具有足够高密度的区域划分为簇,并可在噪声的空间数据库中发现任意形状的聚类。

(2)DBSCAN聚类算法原理。

首先,遍历每个未被标记的点,设定半径r,在该圆内设置阈值MinPts,即若以该点为圆心,以r为半径的圆内的点数达到阈值,则该点为核心点。然后,再将圆内的点分别以r为半径画圆,判断是否为核心对象,如果是,那么放在同一簇内。

(3)DBSCAN聚类算法流程。

① 输入算法参数:算法开始时需要输入两个参数。

参数1:ε参数,是ε-邻域的半径。

参数2:MinPts参数,是ε-邻域中要求含有的最低样本数量,即阈值。

② 选择样本:随机选择一个数据样本p。

③ 判定核心对象:判定数据样本p是不是核心对象,通过判定其ε-邻

域中分布的样本数量是否大于或等于 MinPts 阈值个数，也就是其中的样本分布是否达到一定的密度来实现。

④ 当 p 为核心对象时：

- 标记聚类分组：当前以 p 为中心的 ε-邻域中的所有样本与 p 都是直接密度可达的。因此 p 的 ε-邻域中的所有点，包括 p 点，可以划分到同一个聚类分组中。

- 搜索所有密度可达样本：在聚类分组的基础上，通过广度优先搜索，找到所有的密度可达的样本，划分到该聚类分组中。

⑤ 当 p 是边界对象（非核心对象）：将 p 样本标记成噪声，再随机地选取另外一个数据样本进行处理。

⑥ 迭代要求及算法终止条件：继续选择样本，重复执行步骤②、③、④、⑤、⑥进行迭代，直到所有的样本全部被标记完成。

2）建立企业用电超容归因诊断模型

（1）企业属性分级分类。

对企业的属性进行分类分级。首先，将专变企业用户按浙电云平台的细分行业表进行划分。其次，考虑到企业的注册资本与企业的生产规模存在一定的正相关关系，所以将同一细分行业内的企业按注册资本进一步划分，划分为五级：0～50 万元，50 万～100 万元，100 万～500 万元，500 万～1000 万元，1000 万元以上。最后，将同一行业同一注册资本规模下的企业视为同类型企业，对其用电数据进行归因聚类分析。

（2）用电数据基准分析。

完成企业分级分类，并对企业用电数据进行数据清理后，将一天 96 个时点产生的负荷数据作为一个时间序列，选取近两个月的企业负荷数据，结合企业合同容量，标准化负荷数据，形成合同容量利用率（时点负荷/合同容量）。分别对不同类别的企业进行聚类分析，通过 DBSCAN 聚类算法对企业合同容量利用率按时间序列进行聚类，经多次聚类，获得最佳聚类半径，同时获得聚类结果簇数，计算各簇心值（聚类结果的中心特征值）即可得到该簇的用户合同容量利用率的基准曲线。

（3）比较超容企业曲线与簇心距离。

计算超容企业合同容量利用率曲线与同类型企业群体簇心的欧氏距离，并将其与 DBSCAN 聚类算法下得到的最佳聚类半径进行对比。当超容企业曲线与簇心的欧氏距离处于最佳聚类半径内时，可认为该企业用电超容是由于生产产量上升引起的。当超容企业的欧氏距离超过最佳聚类半径时，可认为该企业用电超容是由于用能效率低下引起的。①

3）企业超容归因评判模型实例应用

通过对某地市有效专变用户 3191 家企业的用电数据进行超容归因评判模型的实例应用，得到 877 家超容专变用户的分析结果，其中 53.63% 的结果是由于生产产量提升引起的，需要企业根据未来生产预期提出增容申报；46.37% 的结果是由于生产用能效率低下或其他原因引起的，需要企业自查高耗能设备的用电情况，并适当升级用电设备。表 6-2 是以此地市主导行业之一的通用设备制造业专变用户超容用电归因结果。

表 6-2 通用设备制造业专变用户超容用电归因结果

行业	企业所属细分行业	注册资本档次/万元	超容用电归因/%	
			生产产量上升	用能效率低下
通用设备制造业	泵、阀门、压缩机及类似机械制造	$X<50$	57.96	42.04
		$50 \leqslant X<100$	58.97	41.03
		$100 \leqslant X<500$	63.88	36.12
		$500 \leqslant X<1000$	67.22	32.78
		$1000 \leqslant X$	69.77	30.23
	轴承、齿轮和传动部件制造	$X<50$	59.23	40.77
		$50 \leqslant X<100$	52.84	47.16
		$100 \leqslant X<500$	52.21	47.79
		$500 \leqslant X<1000$	42.64	57.36
		$1000 \leqslant X$	67.24	32.76

---

① 该种归因评判模型应用的前提假设条件是企业不存在主动行为导致的用电超容，如私拉乱接用电设备或私自增容等。

4．台区经理超容整治成效分析

在供电所网格化管理背景下，超容整治工作主要由供电辖区内的台区经理开展，因此追踪台区经理超容整治管理成效非常有必要。本数据应用成果梳理 2023 年 5 月、6 月超容专变治理变化情况，建立台区经理超容整治成效评价模型。

1）建立超容整治成效评价指标体系

（1）超容专变数量压降。

超容专变数量压降=上月超容运行的专变比例/本月超容运行的专变比例

需要注意的是，考虑到每个台区经理管辖的专变用户数量不同，为保证评价公平，计算公式中采用的是比例而不是数量。

（2）超容用电容量比例压降。

超容用电容量比例压降=上月超容用电容量比例/本月超容用电容量比例

其中，超容用电容量比例=（超容企业的实际用电容量之和-超容企业的合同容量之和）/超容企业的合同容量之和

（3）月度超载程度压降。

月度超载程度压降=上月超载程度指标/本月超载程度指标

月超载程度指标：轻度日超载天数占比×w_1+中度日超载天数占比×w_2+重度日超载天数占比×w_3。其中，$w_1<w_2<w_3$，最终指标计算结果值越大，代表月超载程度越重。这里可令 $w_1 = 10\%$，$w_2 = 20\%$，$w_3 = 30\%$。日超载程度指标：统计专变用户每日时点负载率超过 100%的时点数比例，若该比例为 $x<20\%$，则日超载程度视为轻度；若该比例为 $20\%\leq x<50\%$，则日超载程度为中度；若该比例为 $x\geq 50\%$，则日超载程度视为重度。

2）指标因子得分计算方法

超容整治成效评价体系的 3 个指标因子值的大小量级各有不同，为了便

于比较，需要通过归一标准化方法去获得一个指标因子值在[0,1]区间上的映射值，从而获得无量纲的指标因子得分。由于指标因子值可能大于 1，也可能小于 1，故决定选择最小-最大值标准化方法，也叫离差标准化，即对原始数据线性变换，使结果落到[0,1]区间上，变换函数如下。

对原始指标因子值序列 $x_1, x_2, x_3, \cdots, x_n$ 进行因子得分计算：

$$y_i = \frac{x_i - \min\limits_{1 \leqslant j \leqslant n}\{x_j\}}{\max\limits_{1 \leqslant j \leqslant n}\{x_j\} - \min\limits_{1 \leqslant j \leqslant n}\{x_j\}}$$

式中，x_i 为第 i 个台区经理在指标 x 上的因子值；y_i 为第 i 个台区经理在指标 x 上标准化后的因子得分。

因超容整治成效评价体系的 3 个指标均为正向指标，故通过计算该指标因子值与最小值的差距占最值区间差距的比值，获得因子得分。

需要注意的是前文所述的 3 个指标，若作为分母的本月超容运行的专变比例、本月超容用电容量比例、本月超载程度指标为零，则对应的指标得分均为满分。

3）指标体系权重计算方法

台区经理超容整治成效评价模型是由一级指标构成，各类指标对评价结果影响的重要程度各有不同，需要科学、合理地设置指标权重来体现。本模型的权重采用层次分析法（Analytic Hierarchy Process，AHP）来确定各评价指标的权重系数。

（1）基本原理。

AHP 首先把问题层次化，即按问题性质和总目标将问题分解成不同层次，构成一个多层次的分析结构模型；然后按层次分析，获得最低层（供决策的方案、措施等）因素对最高层（总目标）的相对重要性权值或进行优劣排序。

（2）计算步骤。

① 建立每级指标的成对比较矩阵。从层次结构模型的第 2 层开始，对从属于（或影响）上一层每个因素的同一层各因素，用成对比较法和 1～9 的比

例标度构造成对比较矩阵。

② 计算权向量并做一致性检验。对每个用成对比较矩阵计算的最大特征根及对应特征向量，利用一致性指标、随机一致性指标和一致性比率做一致性检验。若检验通过，则特征向量（归一化后）为权向量；若不通过，则需重新构造成对比较矩阵。

③ 计算组合权向量并做组合一致性检验。计算最下层对目标的组合权向量，并根据公式做组合一致性检验。若检验通过，则可按照组合权向量表示的结果进行决策；反之需要重新考虑模型或重新构造那些一致性比率较大的成对比较矩阵。

4）超容整治成效评价模型实例应用

（1）评价指标权重确定。

运用常用标度法得到一级指标判断矩阵如下：

$$A = \begin{bmatrix} 1 & 1/2 & 1/3 \\ 2 & 1 & 2 \\ 3 & 2 & 1 \end{bmatrix}$$

由判断矩阵计算出最大特征值 $\lambda_{\max} = 3.0092$；矩阵一致性指标 $CI = 0.0046$；一致性比例 $CR = 0.008854$。通过一致性检验，研究人员进一步计算出一级指标权重向量 $W = [0.1638\ 0.2973\ 0.5390]$。

（2）成效评价总分计算。

对一级指标因子得分进行赋权，计算各台区经理超容整治成效的评价总分：

$$ORE_i = \sum_{x=1,y=1}^{n} S_{x,i} W_y$$

式中，$S_{x,i}$ 为第 i 个台区经理在一级指标因子 x 上的得分；W_y 为该一级指标的权重；ORE_i 为第 i 个台区经理的超容整治成效评价总分。

（3）成效评价结果分析。

根据上述评分体系，对全市25位台区经理开展超容整治成效评分，评分结果如图6-5所示。可知应*峰、林*、董*为此市2023年5—6月超容专变整治成效的前三名，建议在月度绩效考核中予以加分。其中，51个超容专变经过治理转为非超容专变。

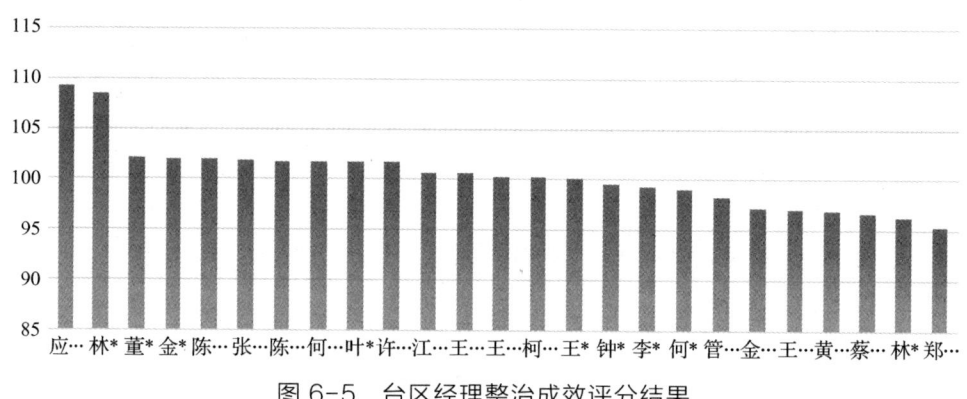

图6-5 台区经理整治成效评分结果

5．超容专变电费补缴分析

超容专变不仅会导致电网发生停电，也会使数据计量不准确，导致电费计费异常。根据《供电营业规则》第一百条规定，私自超过合同约定的容量用电的，应补交私增设备容量使用月数的基本电费，并承担三倍私增容量基本电费的违约使用电费。结合用数环境平台自主研发超容专变整治看板，可实现追缴超容电费的自动测算：

$$Q_{追缴超容电费} = \sum_{1}^{i}\left(C_{最大运行容量} - C_{合同容量}\right) \times 30 \times 4$$

计算可知，此地市2023年6月全市可追缴超容电费为5960151.17元。

6.1.4 应用成效

基于数据中台、用数环境平台自主研发超容专变整治看板，有效降低基层工作人员手动统计时长，超容报表制作时长压降至5分钟内，实现全市专变超容运行情况及电费追缴功能的动态查询和一键导出。一是有效服务台区经理实时掌握辖区各线路专变的超容运行情况，针对性开展超容整治工作，推动完成专变超容整治 51 个。二是有效助力基层供电所管理层及时掌握超容整治工作开展情况，利用超容整治成效评价模型推动台区经理管理成效体系同绩效管理相结合，台区经理工作积极性和实效性均有大幅提升。

6.2 基于企业错避峰潜力评价的负荷管理大数据分析应用

6.2.1 问题的提出与分析

2023 年迎峰度夏、度冬的电力保供形势依旧严峻。一是从 B 地市电网层面看，B 地市作为 A 市电网主配网重过载情况最为严重的一个区域，局部区域已经进入电力紧平衡状态，其中最为严重的 a 镇，主网变电容量裕度只有 3.7 万千伏安，但在 2024 年底前的实际新增用电需求容量达 14.9 万千伏安，远超主网变电容量裕度（虽然"十四五"期间 B 地市主网项目数量约占 A 市总数的 40%，但是 a 镇的主网项目距离投运还要一年多），为确保该区域企业新增用电接入，亟须在科学合理进行配网线路分流改造的基础上，实行企业主动轮休和错/避峰。二是从全省层面看，省公司在 2023 年第二季度会议上预测夏、冬季高峰期该省仍有 400 万～500 万千伏安负荷缺口，同时受电源侧涨价等因素影响，保供稳价压力不减反增，全省部分区域很可能继续实施有序用电、负荷管理。

从近年负荷管理工作来看，虽然完成指标精准、成效明显，实现全社会发用电曲线高度重合，但错避峰方案实行的颗粒度及精细度仍有待进一步提升，企业分级仍需进一步细化。如何通过电力大数据和模型算法，更科学合理、迅速高效地制定有序用电负荷管理期间的错避峰方案，是在每年迎峰度夏前亟须解决的一个问题。因此，B 地市公司开始在 A 市试点，并基于企业错避峰潜力评价，开展负荷优化分配和大数据分析应用。

6.2.2 数据概况

1．数据准备

本应用数据主要来源于配网四区主站线路的重过载数据、营销 2.0 业扩接入数据、营销 2.0 专变负荷数据、调度 OPEN 3000 系统线路负荷数据等，申请线路最大负载率明细、业扩接入明细、线路重过载数据、变电站台账信息等数据表，基于线路名称、变电站名称、线路最大负载率、线路最大负载率日期、线路最大负载率时间等字段，开展大数据成果研发。

2．数据处理

依托浙电云平台创建 SQL 节点，基于线路最大负载率明细表，结合营销 2.0 业扩接入信息数据，为业扩接入紧张的 10kV 线路提供分流改造建议。基于调度 OPEN 3000 和营销 2.0 系统，筛选 2022 年 6—9 月线路负荷数据、专变负荷数据，并开展企业错避峰潜力分析，数据处理如图 6-6 所示。

```
1  CREATE TABLE xlzgzmx_org AS
2  select a.org_name,a.zzcs,b.gzcs from
3  (select org_name,COUNT(*) as zzcs from xlzgz
4  where leix = '线路重载'
5  group by org_name
6  order by zzcs desc)a
7  left join
8  (select org_name,COUNT(*) as gzcs from xlzgz
9  where leix = '线路过载'
10 group by org_name
11 order by gzcs desc)b
12 on a.org_name=b.org_name
13 order by zzcs desc
```

图 6-6　数据处理

6.2.3 研究方案

1．重过载线路分流改造分析

1）制定线路重过载运行率指数

目前，线路重过载、最大负载率等数据在配网四区主站等系统内主要以瞬时数据形式呈现，缺乏从全年角度来分析线路的运行状态，难以为迎峰度夏期间业扩接入提供精准指导，本数据应用创新性制定线路重过载运行率指数，为业扩接入和重过载线路分流改造提供科学数据支撑。

以线路重过载表为数据源，统计2021—2023年迎峰度夏期间各线路重载次数 $P_{重载}$ 及过载次数 $P_{过载}$，制定重过载运行率指数（运行率）R，R 值代表线路全年重过载运行平均水平，公式如下：

$$R = (\alpha P_{重载} + \beta \gamma P_{过载}) \times 100\% / (P_{重载} + P_{过载})$$

根据业务部门实际经验，线路过载情况下业扩接入更为严峻，在公式中加入影响系数 $\gamma = 1.1$，加大过载次数在计算 R 中的权重；α 为重载系数，β 为过载系数，分别代表线路重载、过载在公式中的权重，即 α 为该线路重载时最高负载率的平均值，β 为该线路过载时最高负载率的平均值。

2）分流改造建议

基于10kV配电线路重过载运行率 R 和电力营销业务系统在途的高压业扩报装流程，按如下公式计算接入线路的业扩接入容量裕度 T：

$$T = I(1-R)U$$

式中，I 为线路运行限额电流；U 为线路运行电压（10kV），计算可得各接入线路的业扩接入容量裕度，并同业扩接入需求容量开展对比，根据对比结果为相关部门提供整改建议，业扩接入需求如图6-7所示。

接入线路	高压业扩项目名称	业扩接入需求容量（kVA）	线路最大负载率（%）	限额电流（A）	业扩接入容量裕度（kVA）
A线	a公司	1850	82	550	1712.7
B线	b公司	250	90	550	951.5
C线	c公司	250	83	550	1617.55
D线	d公司	400	80	490	1903
E线	e公司	250	95	385	475.75
F线	f公司	1250	95	440	475.75
G线	g公司	800	97	385	285.45
H线	h公司	400	90	591	951.5
I线	i公司	630	82	550	1712.7
J线	j公司	800	96	440	380.6
K线	k公司	250	92	590	761.2

图6-7 业扩接入需求

基于 10kV 配电线路重过载分析结果显示，按照接入线路的业扩接入裕度容量的高低，针对变电站仍有裕度容量的下辖线路，建议运检部门和供电所开展分流改造、新建 10kV 配电线路。目前，已促成 13 条线路新建整改方案落实，并加速推动 22 个高压用户接入，业扩接入时长平均提速 12.72 天。

2．企业错避峰分析

由于 a 变[①]、b 变等 6 个变电站运行负载过大，特别是某工业城的 c 变、d 变 2 个变电站，下半年将有大量负荷接入，变电站在重过载状态下已无法实行分流改造，需建立科学模型引导企业错避峰生产经营，着力解决局部电网卡脖子问题。企业错避峰分析以 c 变、d 变供电辖区企业为例，依托科学算法，筛选高潜力错避峰企业，推动重过载线路削峰填谷。

1）错避峰需求线路分析

基于线路负荷数据表，筛选 c 变及 d 变供电辖区内的重过载线路和负载率大于 70%的运行时段作为实行错避峰的目标线路和目标时段。以 Q 线路为例（见图 6-8），该线路夜间运行负载率较低，在白天 9：00 至 13：00 之间，多条线路负载率位于 70%红线以上，建议该线路在该时段开展错避峰。

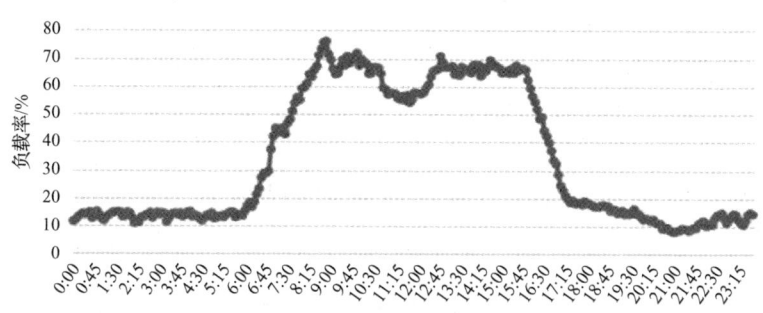

图 6-8　Q 线路负载率曲线

依据筛选结果，24 条 10kV 配电线路中有 6 条线路须开展错避峰。

2）企业错避峰潜力分析

依托营销 2.0 系统客户负荷数据表，筛选出 6 条亟须开展线路供电区域

[①] a 变：表示 a 变电站，本章变电站名称统一用字母表示，特此说明。

企业 126 家，并对辖区内企业开展错避峰潜力分析。

（1）建立错避峰企业评价体系。

针对重过载线路辖下的错避峰企业用户潜力挖掘，以企业用户的历史负荷数据为研究对象，深度分析企业迎峰度夏期间的负荷特征、运行容量、电量特征等，对用户负荷曲线类型进行静态分类，再利用马尔可夫链构建日间负荷动态转移概率矩阵，最后融入负荷曲线类型价值系数、负荷峰谷差系数、电量规模系数、负荷类型波动系数、线路负荷相似度系数，形成一套错避峰企业评价体系，如图 6-9 所示，为企业实行错避峰生产经营提供量化支撑。

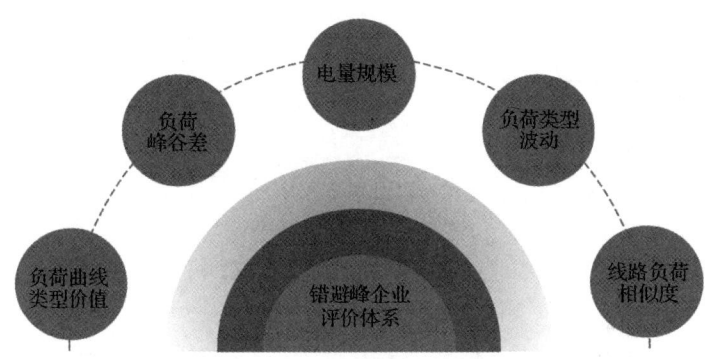

图 6-9　错避峰企业评价体系系数

① 不同类型负荷曲线的价值系数。

一是基于业务经验与常识设置不同类型日负荷曲线的基本价值等级分数，如双峰型>平稳高负荷型>严格谷型>夜间高负荷型，具体如表 6-3 所示。二是获得每个用户基于 K-Means 聚类算法得到的日负荷曲线分类比例（4 种负荷曲线类型如图 6-10 所示，企业日负荷曲线聚类结果如表 6-4 所示。三是将静态负荷曲线类型比例与基于马尔可夫链得到的日间负荷类型转移概率矩阵综合起来考虑，从而获得日负荷曲线类型转移概率矩阵（见表 6-5），作为用户的日负荷曲线类型的稳定概率。四是将价值等级分数、曲线分类及比例、连续转移概率相乘后得到每个用户的日负荷曲线类型价值系数。

$$\text{curve}_i = \sum_{j=1}^{K} \text{curve\_type\_value}_j \cdot \text{static\_scale}_{i,j} \cdot \text{conti\_trans\_prop}_{i,j}$$

式中，$value_j$ 为第 j 类负荷曲线类型的价值等级分数；$scale_{i,j}$ 为用户 i 的第 j 类负荷曲线所占比例；$prop_{i,j}$ 为用户 i 的第 j 类负荷曲线的连续动态转移概率；$curve_i$ 为用户 i 的日负荷曲线类型价值系数。

表 6-3 中的不同日负荷曲线的基本价值等级分数可以自定义调整，只需满足当下的业务经验逻辑与常识即可。

表 6-3 不同日负荷曲线的基本价值等级分数

负荷曲线类型	基本价值等级分数
双峰型	100 分
平稳高负荷型	30 分
严格谷型	20 分
夜间高负荷型	10 分

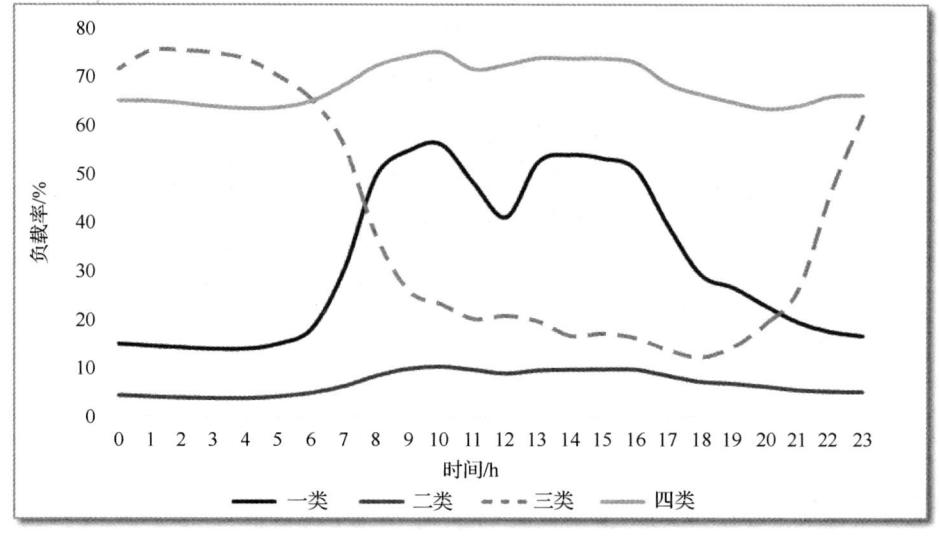

图 6-10 4 种日负荷曲线类型

表 6-4 企业日负荷曲线聚类结果（$K = 4$）

24 时点	聚类类别			
	负载率（一类）	负载率（二类）	负载率（三类）	负载率（四类）
0	7.09%	3.25%	77.90%	74.55%
1	6.69%	3.06%	78.85%	74.68%
2	6.57%	2.126%	79.28%	74.31%

续表

24时点	聚类类别			
	负载率（一类）	负载率（二类）	负载率（三类）	负载率（四类）
3	6.70%	2.91%	77.46%	73.90%
4	7.83%	2.92%	75.35%	73.74%
5	12.28%	3.16%	70.09%	74.02%
6	22.15%	3.43%	64.33%	74.82%
7	46.83%	3.93%	53.17%	78.18%
8	74.65%	5.88%	30.73%	81.45%
9	79.89%	6.35%	17.76%	82.54%
10	81.66%	6.36%	14.44%	83.18%
11	62.81%	4.76%	11.61%	79.88%
12	54.73%	3.53%	15.03%	81.56%
13	73.57%	4.75%	14.35%	81.90%
14	74.05%	5.19%	12.48%	81.59%
15	70.85%	5.37%	11.87%	81.21%
16	64.86%	5.64%	11.62%	80.82%
17	43.39%	4.58%	10.66%	77.92%
18	23.90%	3.76%	10.57%	76.74%
19	18.21%	3.76%	11.71%	75.45%
20	14.50%	3.67%	13.82%	75.64%
21	11.19%	3.42%	20.02%	75.82%
22	9.11%	3.57%	41.08%	76.01%
23	8.43%	3.86%	62.42%	76.13%

表6-5 某企业的日负荷曲线类型转移概率矩阵（1步）

负荷曲线类型		$T+1$日负荷类型			
		一类	二类	三类	四类
T日负荷类型	一类（双峰型）	0.000	0.000	1.000	0.000
	二类（严格谷型）	0.000	0.000	0.000	0.000
	三类（夜间高负荷型）	0.030	0.000	0.910	0.000
	四类（平稳高负荷型）	0.000	0.000	0.000	0.000

现取 3 家企业的负荷数据，按照负荷曲线类型价值系数的算法公式进行

计算示例说明,具体如表 6-6 所示。

表 6-6 某 3 家企业的负荷曲线价值系数计算示例表

线路名称	企业名称	负荷曲线类型及比例	连续转移概率	日负荷曲线类型价值系数
X 线	霆***有限公司	90%双峰型,2%平稳高负荷型,2%严格谷型,6%夜间高负荷型	连续双峰型转移概率为 91%,连续夜间高负荷型转移概率为 34%	100×90%×91%+10×6%×34%=82.10
Y 线	德***有限公司	50%平稳高负荷型,45%严格谷型,5%双峰型,0%夜间高负荷型	连续平稳高负荷型转移概率为 56%,连续严格谷型转移概率为 20%	30×50%×56%+20×45%×20%=10.20
X 线	耀***有限公司	80%夜间高负荷型,5%平稳高负荷型,5%双峰型,10%严格谷型	连续夜间高负荷型转移概率为 74%,连续严格谷型转移概率为 5%	10×80%×74%+20×10%×5%=6.02

注:在通过 K-Means 聚类算法得到企业的曲线类型结果及静态比例后,只需挑选出静态比例排前 2 位的曲线类型参与计算即可,因为若静态比例过小,对于企业主要负荷曲线类型的表征没有意义。

从表 6-6 的计算结果可以看出,处于 X 线上的霆***有限公司的日负荷曲线类型价值系数较大,表明在负荷曲线类型价值这个维度上,其错避峰潜力较高,而处于 X 线上的耀***有限公司的错避峰潜力较低。

② 负荷峰谷差系数。

负荷峰谷差为企业迎峰度夏期间每日最大负荷和最小负荷的差值,表征企业错避峰压缩潜力。负荷峰谷差越小,企业错避峰潜力越低;反之,企业错避峰潜力越高。将考察周期内的日负荷峰谷差求和后除以总天数,即得每个用户的日平均负荷峰谷差;最后,按最大-最小值标准化法,获得每个用户最终的负荷峰谷差系数:

$$load\_diff_i = \sum_{d=1}^{D}(load\_max_{i,d} - load\_min_{i,d})/D$$

$$std\_load\_diff_i = (load\_diff_i - min_{ld})/(max_{ld} - min_{ld})$$

式中,$load\_max_{i,d}$ 为用户 i 在第 d 天的最大时点负荷;$load\_min_{i,d}$ 为用户 i 在第 d 天的最小时点负荷。D 为考察周期内的总天数;$load\_diff_i$ 为用户 i 的日平均负荷峰谷差;min_{ld} 为所有用户日平均负荷峰谷差中的最小值;max_{ld} 为所有用户日平均负荷峰谷差中的最大值；$std\_load\_diff_i$ 为用户 i 的负荷峰谷差系数。

以 X 线供电区域的企业为例，按照负荷峰谷差系数的算法公式进行计算示例说明，具体如表 6-7 所示。

表 6-7　负荷峰谷差系数计算示例表

用户编号	企业名称	峰谷差（降序）	负荷峰谷差系数
330***050	聚***有限公司	31263.6	12126
330***397	华***有限公司	3686.4	126
330***155	双***有限公司	11265.9	12126
330***351	霆***有限公司	1428.6	126
330***136	***有限公司	1375.5	126
...	...	...	...
330***0968	***冲压件厂	0.168	126

从表 6-7 计算结果可以看出，聚***有限公司的负荷峰谷差系数最大，表明在负荷峰谷差这个维度上，其错避峰潜力最高，而***冲压件厂的错避峰潜力最低。

③ 电量规模系数。

电量规模为企业迎峰度夏期间的总用电量，表征企业错避峰的规模大小。采用用电量规模系数使负荷需求响应潜力价值的评价具备更强的科学性，一个用户的瞬时峰谷差较理想，但是每天的整体用电量很小，则对于区域整体用电负荷而言，产生的削峰填谷的影响也比较有限。电量规模越小，企业错避峰潜力越低；反之，企业错避峰潜力越高。将每个用户在考察周期内的平均用电量按最大最小值标准化法计算，获得每个用户最终的用电量规模系数：

$$std\_power\_consumption_i = (power\_consumption_i - min_{pc})/(max_{pc} - min_{pc})$$

式中，$power\_consumption_i$ 为用户 i 在考察周期内的平均用电量；min_{pc} 为所有用户平均用电量的最小值；max_{pc} 为所有用户平均用电量的最大值；$std\_power\_consumption_i$ 为用户 i 的用电量规模系数。

现以 X 线供电区域的企业为例，按照电量规模系数的算法公式进行计算示例说明，具体如表 6-8 所示。

表 6-8　电量规模系数计算示例表

用户编号	企业名称	用电量（降序）	电量规模系数
330***397	华***有限公司	614448	$\frac{614448-10005.1}{614448-10005.1}=1.00$
330***050	聚***有限公司	501482.8	$\frac{501482.8-10005.1}{614448-10005.1}=0.81$
330***351	霍***有限公司	388259.8	$\frac{388259.8-10005.1}{614448-10005.1}=0.63$
330***155	双***有限公司	290585.1	$\frac{290585.1-10005.1}{614448-10005.1}=0.46$
330***174	万***有限公司	163588.6	$\frac{163588.6-10005.1}{614448-10005.1}=0.25$
…	…	…	…
330***0968	县***冲压件厂	10005.1	$\frac{10005.1-10005.1}{614448-10005.1}=0.00$

从表 6-8 的计算结果可以看出，华***有限公司的电量规模系数最大，表明在电量规模这个维度上，该公司的错避峰潜力最高，而县***冲压件厂的错避峰潜力最低。

④ 负荷类型波动系数。

以企业日负荷特征为基础，开展迎峰度夏期间各企业各负荷曲线类型的统计分析，若考察期间负荷类型波动越大，则企业生产经营模式变更的可能性越大，错避峰潜力越高；反之，企业错避峰潜力越低。通过企业用户聚类后的各类型负荷曲线数量占比来计算、判断企业负荷类型波动性大小，当各类型负荷曲线的比例之间标准差越小时，说明企业生产用电时负荷类型分布不极端，可以适用的负荷类型越多，生产模式变动的可能性空间越大。最后，再对各企业用户的负荷类型波动值按最大最小值标准化法计算，获得每个用户最终的负荷类型波动系数：

$$load\_type\_fluctuation_i = std(type_1, type_2, \cdots, type_n)$$

$$type\_fluctuation_i = (max_{ltf} - load\_type\_fluctuation_i)/(max_{ltf} - min_{ltf})$$

式中，$type_1, type_2, \cdots, type_n$ 为企业用户各负荷曲线类型的比例；$load\_type\_fluctuation_i$ 为第 i 位企业用户负荷类型的波动因子值；min_{ltf} 为所有企业用户的负荷类型波动因子值的最小值；max_{ltf} 为所有企业用户负荷类型的波动因子值的最大值；type_fluctuation$_i$ 为第 i 位企业用户的最终负荷类型波动系数。

现以 X 线供电区域的某两家企业为例，按照负荷类型波动系数的算法公式进行计算示例说明，具体如表 6-9 所示。

表 6-9 负荷类型波动系数计算示例表

企业名称	负荷曲线类型及比例	各类型比例的标准差	负荷类型波动系数
霆***有限公司	90%双峰型，2%严格谷型，2%平稳高负荷型，6%夜间高负荷型	std(90%,2%,2%,6%)=0.37	$\dfrac{0.78-0.37}{0.78-0.01}=0.53$
耀***有限公司	80%夜间高负荷型，5%平稳高负荷型，5%双峰型，10%严格谷型	std(80%,5%,5%,10%)=0.32	$\dfrac{0.78-0.32}{0.78-0.01}=0.60$

注：各类型比例之标准差是逆向指标，标准差越小波动系数越大，错避峰潜力越大。表中 0.78 和 0.01 是各类型比例的标准差中的最大值和最小值。

从表 6-9 的计算结果可以看出，耀***有限公司的负荷类型波动系数比霆***有限公司大，表明在负荷类型波动这个维度上，前者的错避峰潜力略高一些。

⑤ 线路负荷相似度系数。

线路负荷相似度为企业负荷曲线类型与线路总体负荷曲线的相似情况，用来表征企业错避峰对线路负载的影响程度。将聚类后得到的各类型曲线与区域负荷整体曲线作比较，计算二者之间的相似度，哪类曲线与线路负荷曲线越相似，则越有价值。然后将各类型质心曲线的相似度与各类型静态比例相乘之后求和；最后输出每个用户线路负荷相似度系数。

$$similar_i = \sum_{j=1}^{K} similar_{i,j} \cdot user\_categ\_prop_j$$

式中，$similar_{i,j}$ 为用户 i 的第 j 类曲线的相似度；$user\_categ\_prop_j$ 为用户 i 的第 j 类曲线的静态比例；$similar_i$ 为用户 i 负荷曲线的综合相似度系数。

现以 X 线供电区域的某两家企业为例，按照线路负荷相似度的算法公式进行计算示例说明，具体如表 6-10 所示。

表 6-10 线路负荷相似度计算示例表

企业名称	负荷曲线类型及比例	各类型质心曲线的相似度	线路负荷相似度系数
霆***有限公司	90%双峰型，2%严格谷型，2%平稳高负荷型，6%夜间高负荷型	双峰型：0.71 高负荷型：0.32	0.71×90%+0.32×2%+ 0.20×2%+0.09×6% =0.6548
耀***有限公司	80%夜间高负荷型，5%平稳高负荷型，5%双峰型，10%严格谷型	严格谷型：0.20 夜间高峰型：0.09	0.71×5%+0.32×5%+ 0.20×10%+0.09×80% =0.1435

注：这里各类型质心曲线的相似度是基于与线路负荷形态相似度计算的时间序列相似度。

从表 6-10 的计算结果可以看出，霆***有限公司的线路负荷相似度比耀***有限公司大，表明在线路负荷相似度这个维度上，霆***有限公司的错避峰潜力更高。

⑥ 错避峰潜力评价模型综合评分。

基于负荷曲线类型价值、负荷峰谷差、电量规模、负荷类型波动和线路负荷相似度系数，构建错避峰企业综合评价指数。错避峰企业综合评价指数得分为各维指标的标准化汇总得分，指数得分越大，企业错避峰潜力和错避峰价值越高。

将企业的日负荷曲线类型价值系数、负荷峰谷差系数、用电量规模系数、负荷类型波动系数、线路负荷相似系数四者相乘，得到每个企业用户最终的错避峰综合评价指数。计算公式如下：

$$compre\_eval\_score_i = curve_i \cdot std\_load\_diff_i \cdot std\_power\_consumption_i \cdot type\_fluctuation_i \cdot similar_i$$

各线路供电区域错避峰潜力和综合评价前 6 名的企业如表 6-11 所示。

表 6-11 错避峰潜力和综合评价

线路名称	企业名称	综合评价指数
X 线	佳***有限公司	86.4
R 线	集***有限公司	85.2

续表

线路名称	企业名称	综合评价指数
C 线	熔***有限公司	84.7
X 线	聚***有限公司	83.5
H 线	溢***有限公司	83.0
L 线	盛***有限公司	82.8

（2）错避峰潜力评价模型的实际应用。

根据 2022 年 6—9 月的企业历史负荷数据，结合日负荷曲线类型价值系数、负荷峰谷差系数、用电量规模系数、负荷类型波动系数、线路负荷相似系数，对错避峰潜力评价模型进行模拟计算，得到每个企业用户的错避峰综合评价指数，并按 0~100 分划分评分高低及潜力等级。其中，错避峰潜力极高用户（A 级）12 个，占比 9.52%；错避峰潜力较高用户（B 级）18 个，占比 14.28%；错避峰潜力一般用户（C 级）35 个，占比 27.78%；错避峰潜力较低用户（D 级）38 个，占比 30.16%；错避峰潜力极低用户（E 级）23 个，占比 18.25%。

6.2.4　应用成效

对一线电力客户经理和错避峰组织管理人员而言，借助错避峰潜力评价模型，实现了对重/过载线路上的企业的用电特点、用电行为趋势和关键用电特征的深度识别和定量化描述，并按照错避峰综合评价指数的高低实现差异性错避峰劝导服务，可以更省时、省力地挖掘出能够高质量参与错避峰的用户，给业务开展提供可靠的数据支撑和科学指导。

自应用上线以来，错避峰潜力评价模型的应用杜绝了负荷管理上的"一刀切"现象，提升了业务精细化、精益化管理水平，借助大数据处理分析手段与数据挖掘模型应用，节省了大量的线下沟通、走访、记录的人工投入成本和时间投入成本，有效压降人力成本 56 人/天。并为 a 变、b 变的线路提供企业错避峰潜力和价值的精准评价，推动下辖 36 家企业开展主动错避峰轮休，企业参与比例较以往提升 26.8%，为迎峰度夏期间全市电网安全运行和电力可靠供应打下坚实基础。

6.3 基于智能化管理实现乡村充电站 EV 充电与能源保供并行

6.3.1 问题的提出与分析

为更好促进农村电网发展，保障农村经济社会发展和农民群众生产生活用电需求，推进城乡电力服务均等化，推动构建农村新型能源体系。2023年7月4日，国家发展和改革委员会、国家能源局、国家乡村振兴局发布《关于实施农村电网巩固提升工程的指导意见》（以下简称《指导意见》）。《指导意见》提出，加强农村电网发展规划与农村分布式可再生能源发展的衔接，做好农村电网规划与充电基础设施规划的衔接。提升农村电网分布式可再生能源承载能力，促进分布式可再生能源就近消纳。增强电网支撑保障能力，适度超前建设充电基础设施，在东部地区配合开展充电基础设施示范县和示范乡镇创建，构建高质量充电基础设施体系，服务新能源汽车下乡。

2022年，我国充电基础设施车桩比约为2.5∶1，距离工业和信息化部此前提出的"2025年实现车桩比2∶1，2030年实现车桩比1∶1"的目标仍有较大差距，尤其部分乡镇的充电桩数量远远不足，已成为制约农村新能源汽车（以下简称 EV）购买和使用的瓶颈。相较城市，农村地区的充电基础设施利用率更低，甚至不到城市10%的平均使用水平，较低的利用率成为乡村充电站建设的一大难题。

一方面，乡村充电站建设运行还面临农村电网支撑能力弱、充电负荷的接入有可能影响本就脆弱的乡村电网系统，造成乡村电气安全隐患和电能质量降低等问题。

另一方面，乡村地区在遭遇电力故障时常常面临诸多挑战，包括乡村地形复杂、人力资源有限、设备老化严重、配电网络分散、运输成本较高等因素。这些因素导致乡村电力故障修复时间长，供电恢复速度慢。虽然乡村的屋顶光伏、风电等分布式能源较为丰富，但是存在规模小、分布散、缺乏协同能力、缺乏存储能力等问题，导致在电力紧缺时无法向乡村提供充足的能源供应。

在此背景下，通过大数据平台和人工智能管理技术实现乡村充电站的一"站"多能，在提高乡村充电站利用率的同时，引导充电负荷有序接入，增强分布式可再生能源的协同能力，加强乡村地区的电力供应保障，从而提升农村电网的支撑能力，加快构建农村新型能源体系。

6.3.2 数据概况

1．数据清单

乡村充电站运行使用效率提升场景和以充电站为枢纽推进多能协调强化乡村能源保供场景，两大场景所使用的数据包含数据平台数据集，以及部分网络公开的公共数据集（见表6-12、表6-13、表6-14、表6-15），以下数据来源包括能源互联网营销服务系统（以下简称"营销2.0"）、调控云、用电信息采集系统（以下简称"用采系统"）。

表6-12 一体式充电站站内运行数据

序号	数据项	数据描述	采集频度	时间范围	数据来源（预估）
1	充电站地理位置	确保充电站在该乡村区域内	季度	2021年至今	调控云
2	充电站补贴	充电站每周的政府补贴	每周	2021年至今	调控云
3	光伏发电补贴	光伏发电政府补贴	每日	2021年至今	调控云
4	充电站投资成本	充电站投资成本	—	—	营销2.0
5	充电站使用年限	充电站预期使用年限	—	—	营销2.0
6	光伏设备维护成本	光伏设备维护费用（用于计算光伏发电成本）	—	—	营销2.0
7	光伏设备维护周期	光伏设备维修和维护周期（用于计算光伏发电成本）	—	—	营销2.0
8	光伏设备更换成本	光伏设备更换费用	—	—	营销2.0
9	光伏设备更换周期	光伏设备预期使用时间	—	—	营销2.0
10	储能设备维护成本	储能设备维护费用（用于计算储能充放电成本）	—	—	营销2.0
11	储能设备维护周期	储能设备维护周期（用于计算储能充放电成本）	—	—	营销2.0

续表

序号	数据项	数据描述	采集频度	时间范围	数据来源（预估）
12	储能设备更换成本	储能设备更换费用	—	—	营销2.0
13	储能设备更换周期	储能设备预期使用时间	—	—	营销2.0
14	充电功率	快充桩、慢充桩的充电功率，设备参数	每15分钟	2021年至今	充电桩台账
15	EV充电负荷	各个时间段充电负荷	每15分钟	2021年至今	营销2.0、用采系统
16	光伏电站运行状态	包括有功功率和无功功率；数据时实刷新	每15分钟	2021年至今	调控云
17	车棚光伏发电功率	各个时间段的发电功率	每15分钟	2021年至今	营销2.0、用采系统
18	车棚光伏历史发电数据	各个时间段的发电数据	每15分钟	2021年至今	营销2.0、用采系统
19	光伏功率上调变化	光伏15分钟内上调功率速度	—	—	调控云
20	光伏功率下调变化	光伏15分钟内下调功率速度	—	—	调控云
21	光伏供给EV充电负荷	各个时间段的光伏供给EV的充电负荷	每15分钟	2021年至今	营销2.0、用采系统
22	光伏供给EV充电的电量	各个时间段光伏供给EV充电的电量	每15分钟	2021年至今	营销2.0、用采系统
23	光伏向电网售电功率	各个时间段光伏向电网售电功率	每15分钟	2021年至今	营销2.0、用采系统
24	光伏向电网售电量	各个时间段光伏向电网售电量	每15分钟	2021年至今	营销2.0、用采系统
25	光伏上网价格	光伏向电网的售电价格	每日	2021年至今	营销2.0、用采系统
26	光伏向储能充电功率	各个时间段光伏向储能充电功率	每15分钟	2021年至今	营销2.0、用采系统
27	光伏向储能充电量	各个时间段光伏向储能充电量	每15分钟	2021年至今	营销2.0、用采系统
28	储能最大充电功率	设备参数	—	—	—
29	储能最大放电功率	设备参数	—	—	—
30	储能可放电量	设备参数	—	—	—
31	储能可充电量	设备参数	—	—	—

续表

序号	数据项	数据描述	采集频度	时间范围	数据来源（预估）
32	储能系统的自放电率	设备参数	—	—	—
33	储能系统的充、放电效率	设备参数	—	—	—
34	储能系统的最小荷电状态	设备参数,储能最少剩余容量,延长储能电池寿命	—	—	—
35	储能运行状态	包括有功功率和无功功率,数据每15分钟左右刷新一次	每15分钟	2021年至今	调控云
36	储能放电量	储能每天各时点放电量	每15分钟	2021年至今	—
37	储能充电量	储能每天各时点充电量	每15分钟	2021年至今	—
38	储能放电功率	各个时间段储能放电功率	每15分钟	2021年至今	营销2.0、用采系统
39	储能充电功率	各个时间段储能充电功率	每15分钟	2021年至今	营销2.0、用采系统
40	储能SOC	电池的电量或电荷状态。它通常以百分来表示,0%表示电池完全耗尽,而100%表示电池完全充电	每15分钟	2021年至今	调控云
41	储能SOH	电池的健康状态或性能状况。它通常以百分比形式表示,100%表示电池处于最佳状态	每15分钟	2021年至今	调控云
42	购电功率	电网向充电站供电功率,即充电站从电网购电功率	每15分钟	2021年至今	营销2.0、用采系统
43	售电功率	充电站输出功率,即充电站向电网售电功率	每15分钟	2021年至今	营销2.0、用采系统
44	购电价格	电网向充电站供电功率的单价	每15分钟	2021年至今	营销2.0、用采系统

表 6-13 乡村的生产生活用电数据

序号	数据项	数据描述	采集频度	时间范围	数据来源
1	用电类别	用电类别	每15分钟	2021年至今	营销2.0、用采系统
2	用户ID	居民用电户号	季度	2021年至今	调控云

续表

序号	数据项	数据描述	采集频度	时间范围	数据来源
3	居民用电负荷	乡村区域内每户居民的用电负荷	每 15 分钟	2021 年至今	营销 2.0、用采系统
4	每日用电量	乡村每日的用电量	每日	2021 年至今	营销 2.0、用采系统
5	区域用电负荷	乡村各个时间段的用电负荷	每 15 分钟	2021 年至今	营销 2.0、用采系统

表 6-14　站外分布式光伏发电数据

序号	数据项	数据描述	采集频度	时间范围	数据来源
1	光伏地理位置	确保光伏在该乡村区域内	季度	2021 年至今	调控云
2	光伏发电户号	安装光伏的业主发电户号	季度	2021 年至今	调控云
3	分布式光伏发电功率	各个时间段的发电功率	每 15 分钟	2021 年至今	调控云
4	分布式光伏历史发电数据	各个时间段的发电数据	每 15 分钟	2021 年至今	调控云
5	光伏向电网售电功率	各个时间段光伏向电网售电功率	每 15 分钟	2021 年至今	营销 2.0、用采系统
6	光伏功率上调变化	光伏 15 分钟内上调功率速度	/	/	调控云
7	光伏功率下调变化	光伏 15 分钟内下调功率速度	/	/	调控云

表 6-15　充电站周边气象数据

序号	数据项	数据描述	采集频度	时间范围	数据来源
1	记录地理位置	确保记录地点在该乡村区域内	季度	2021 年至今	调控云
2	光照强度	分季节、分天气	每 15 分钟	2021 年至今	调控云
3	日照时间	日照持续时间	每日	2021 年至今	调控云
4	温度	当地温度	每 15 分钟	2021 年至今	调控云
5	风速	当地风速	每 15 分钟	2021 年至今	调控云
6	湿度	当地湿度	每 15 分钟	2021 年至今	调控云
7	气压	当地气压	每 15 分钟	2021 年至今	调控云
8	降雨量	当地降雨量	每 15 分钟	2021 年至今	调控云

2．数据预处理

（1）对获取到的数据平台数据进行技术检查和业务检查。技术检查包括主键是否唯一、表关联时是否丢失数据、缺失比率是否过高、字段加工逻辑是否存在错误等。业务检查包括数据分布是否和业务比较吻合。通过描述性统计查看每个指标的最小值、最大值、均值、标准差、偏度、峰度、分位数、缺失值、零值、异常值和分布，结合变量的业务意义判断指标值是否合理。

（2）处理数据缺失值，当缺失值相对较少时，直接删除不影响整体数据；当缺失值较多时，采用随机森林的方法对缺失值进行填补。

（3）处理数据异常值，剔除数据表中存在的重复数据、错误数据，以及无法匹配关联的数据，同时确保不会对整体数据造成影响。

（4）处理不同数据标准，对不同数据标准字段进行单位统一，采用归一化和标准化形式对不同数据标准进行处理，确保不会因为数据标准不同造成拟合过程中存在偏差。

6.3.3　研究方案

1．应用场景设计

以构建高效、可靠、可持续供应的农村新型能源体系为主要目标，结合乡村充电站、电网结构、能源分布等特点，围绕一"站"多能的创新模式，重点打造两大核心场景：一是构建以充电站为枢纽的乡村能源保供体系；二是优化乡村充电站的运营效率。构筑智能化管理综合能源生态圈，推进高质量充电基础设施建设，服务新能源汽车下乡，支撑乡村能源多元化发展，提升可再生能源接入和利用比例，降低充电负荷对乡村电能质量的影响，优化乡村电网的调峰能力和稳定性，提高乡村电力系统应对复杂情况的能力。

1）构建以充电站为枢纽的乡村能源保供体系

充分利用乡村地区屋顶光伏等分布式可再生能源多样丰富的特点，以一体式充电站为枢纽，采用智能化管理手段为乡村地区构建高效的能源微生态系统。能源微生态系统将配网运行安全（电压不越限）作为基本约束条件，引入乡村用电负荷和多种能源出力的预测模型，通过采集历史用电数据、气象数据和可再生能源的实时出力情况，建立高度精准的模型，准确预测乡村用电需求和可再生能源供给。

以未来乡村用电需求和能源供给情况为基础，构建基于资源配置模型的电力电量可行域边界计算数字模型，实现多种能源协同调节与精准调度。当乡村发生电力故障时，联合分布式能源运用充电站储能系统，优先为乡村地区的生产和生活用电提供电力保障，并在此基础上利用余能满足 EV 充电需求。构建以充电站为枢纽的乡村能源保供体系可以缓解电力供应的不稳定性，提高电力系统的韧性和应对能力，实现能源的持续供应，成为乡村地区生产和生活用能的坚实后盾，为乡村地区的发展注入强大的动力。

2）优化乡村充电站运营效率

充分发挥乡村地区的优势，利用其地域广阔、高层建筑少、空间资源充裕的特点，在乡村建设"光储充"一体式充电站。引入电动车充电负荷预测模型和站内光伏发电预测模型，通过采集历史充电负荷数据、气象数据和可再生能源的实时出力情况，建立高度精准的模型，准确预测电动车充电需求和站内光伏的发电供给能力。

以未来乡村电动车充电需求和站内光伏供给情况作为基础，融合电网系统谷峰电力价格信息，引入储能充放电模型，构建多能源管理优化策略模型，有效整合外部电网系统和光伏车棚自发电电能资源，管理储能系统设备，在电网电价谷时段和光伏发电峰时段对储能设备进行电能储存，在 EV 充电高峰期和夜间充电时通过储能设备进行供应电能。构建智能化一体式充电站，可以提高乡村充电站的充电收益水平，减少 EV 充电高峰期间充电负荷对乡村电网产生的局部电力供应紧张风险，避免 EV 充电时电网与 EV 之间因电能交换而引起的大量谐波。

2．解决方案

1）多能源协调：强化乡村能源保供

在促进光储充一体式充电站运行使用效率提升的基础上，考虑应对乡村故障断电情况，确保为乡村区域的生产和生活用电提供 1～2 天的可靠能源备份保障。如何精心规划并有效协调乡村多种分布式清洁能源？如何合理利用充电站站内储能系统容量？

（1）评估乡村生产生活用电需求量。

① 获取乡村用电数据。

例如，获取浙江省台州市玉环市楚门镇龙王村过去一年或更长时间内的历史日用电量、日用电负荷。通过历史日用电量帮助了解龙王村的历史用电量情况及发展趋势；通过历史日用电负荷帮助更好地理解每天的用电模式。

② 统计分析用电模式。

绘制历史用电量和日用电负荷的时间序列图，以查看数据的趋势和季节性模式，帮助了解每天用电量的变化。计算历史用电量的平均值、中位数和标准差，以了解用电量的典型范围和波动性。同时，考虑季节性因素，如天气、节假日等，可通过历史数据中的相关性分析或时间序列分解来完成对用电模式的调整。

③ 建立用电预测模型。

基于乡村的历史用电数据和季节性等影响因素，建立一个未来用电的预测模型。使用基于统计方法、机器学习方法或时间序列分析的方法建立的预测模型来估算未来一年乡村每天的用电负荷和用电量。为后续充电站内储能系统的增容奠定数据基础。

④ 定期验证与调整。

定期验证估算的准确性，将实际数据与估算数据进行比较。如果有差异，可以根据实际情况进行调整。在估算用电量的同时建立一个持续监测系统，以跟踪用电量的实际情况，随时更新估算数据。

（2）提升分布式能源发电数据感知水平。

通过提高采样频率和数据精度、优化数据处理算法、引入新的传感器和量测设备、优化数据模型等手段，围绕电网生产核心业务优化原有量测模型，并扩展其在分布式光伏等新能源设备中的使用。同时，在各类能源设施周边放置关键节点（站级）微气象检测子站，配置多种气象传感器，如温度传感器、湿度传感器、气压传感器、风速传感器、风向传感器等，以提升气象信息全量采集能力。实现多种分布式能源的电类/非电类短周期量测数据的实时汇集，全面助力提升从集中式到分布式新能源的天气预报和功率预测水平。结合龙王村的分布式能源的资源区位、结构及性能特性进行分析、汇总和拟合，完善企业级实时量测中心对光伏的数字智能感知能力，升级光伏主体间数据实时共享交互接口。

光伏设备数据融合感知。通过光伏设备 SCADA（若有）实现包括光伏电站设备的电类数据（如电压、电流、功率、频率、运行台账等）及非电类数据（如气象数据、温湿度、盐度等）的数据融合感知。

（3）聚合分布式能源发电功率数据。

将一体式充电站的站外乡村分布式能源与站内光储能源发电功率进行综合考虑与聚合管理，基于企业级实时量测中心光储实测运行数据和历史运行数据，构建光伏、储能资源聚合管理模型，将不同系统或设备的数据汇聚到一个平台上，对各资源的空间、设备信息，以及各类资源的分类、分层、分级的聚合管理。通过聚合管理模型对数据进行集中管理和分析，实现包括分布式可调资源的台账校核、运行状态评估、全生命周期安全监测、策略联动、计划管理、聚合调控等功能。通过聚合管理模型获得全局视角的监控和诊断能力，实现多源关键数据解耦与互动协同，对关键数据进行自查、自检和自存。通过聚合管理模型实现不同系统或设备之间的数据共享和交互，参与电网调控互动；实现多元资源设备数据与控制指令、资源信息与调控需求的双向交互；实现聚合资源灵活可调、可用。

（4）构建多能源互济潜力评估模型。

从上述步骤搭建的数据中台中，调取光-储能的感知数据与电力数据、气象数据、水雨情数据，基于大数据挖掘、人工智能、关键特征提取、重组及拟合技术，建立基于乡村生产生活用电需求的光储多能源互济潜力评估模型。

站外光伏发电预测模型：一是调取数据中台有关光伏设备运行时间与功率、电压、频率、电站配置规模、配网拓扑和实时气象数据（如气象信息、辐照度、温湿度等）。二是利用 AI 预测中心的跨模态组件、语义分析组件、知识推理组件将以上数据字段关键特征提取、重组和拟合，生成样本库。三是通过样本库数据和实际数据校验形成符合资源运行数据特征的模型库。四是通过模型库自训练组件，实现模型自学习、自进化，确保模型的可靠性和实时性。

站内储能增容保供模型：一是调取数据中台有关储能设备（EMS/PCS）的运行时间与功率、电站配置规模、运行策略计划、配网模型等字段。二是利用 AI 预测中心的跨模态组件、语义分析组件等提取、重组并拟合以上字段的关键特征，生成样本库。三是通过样本库数据和实际数据校验形成符合运行数据特征的模型库。四是通过模型库自训练组件，实现模型自学习、自进化，确保模型的可靠性和实时性。总之，构建基于乡村生产生活用电需求的站内储能增容保供模型，有助于实时掌握储能可调节信息。

（5）实现多能互济调控下的电力保供。

基于区块链技术，采用云边协同的方式，结合乡村台区感知设备数据和融合终端边缘计算算力，实现分布式光伏、储能的控制与调节，利用一体式充电站充电负荷预测模型、站内光伏发电预测模型、站内储能充放电裕度模型、乡村生产生活用电需求预测模型、站外乡村分布式能源发电预测模型、站内储能增容保供模型等实现乡村可调控资源对配网运行状态的响应，根据不同细分场景需求，选择经济运行、安全运行、高效率使用、可再生能源就地化消纳、削峰填谷、应急电力保供等作为联合优化目标。最终形成多能互济调控下的一体式充电站的智能管理体系，实现 EV 充电与电力保供并行。

2）智能化驱动：优化乡村充电站运营效率

（1）融合充电站多维数据。

一体式充电站相关发电与用电数据取自营销 2.0 系统、用电信息采集系统、调度云、数据中台、GIS 系统等。以电网多源系统数据为依托，深度挖掘一体式充电站发电与用电数据特点与运行规律，采用统计分析、机器学习、仿真计算等技术手段，研究一体式充电站的 EV 充电负荷需求、车棚光伏发电输出特性、储能系统充放电能量存储裕度等。

（2）分析电动汽车充电负荷需求未来趋势。

首先，需要收集历史充电数据，包括充电桩的充电时间、充电功率、充电时段、用户信息等。确保数据的质量，清洗掉异常值和缺失数据。

其次，对历史充电数据进行探索性分析，了解数据的分布、趋势、季节性等特征。根据充电桩充电数据的特点，提取与充电负荷相关的特征。可能的特征包括日期、时间、天气、节假日等。将充电负荷分为工作日充电负荷与节假日充电负荷两类，分别选择适当的预测模型进行分析建模。

再次，使用历史数据训练选定的模型。这需要将数据集划分为训练集和测试集，以评估模型的性能。使用测试集来评估模型的性能。可以利用一些指标，如均方根误差（RMSE）、平均绝对误差（MAE）等来衡量模型的准确性。如果模型性能不够理想，可以进行参数调优或尝试用不同的模型来提高预测结果的准确性。

最后，随着数据的更新与积累，定期更新模型，以保持预测的准确性和时效性。根据预测结果和实际情况，不断反馈到充电站的运营策略中，进行优化和改进。

（3）预测充电站车棚光伏的负荷变化情况。

① 车棚光伏的发电功率计算。

光伏发电系统（PV）是一种能够将太阳能转换成电能的清洁能源发电系统。一体式充电站的主要能源之一是车棚的光伏阵列，它由太阳能电池组成，并通过逆变器并入电网或就地直接消纳。太阳能电池的串联组合称为模块。这些模块以多种组合方式连接以达到充电所需的功率。光伏电池板的发电功率取决于电池温度、太阳辐射强度、太阳能电池板面积。

② 车棚光伏的发电输出特性。

光伏发电很大程度上受到光照强度、环境温度等自然条件的影响，故其特征呈现出明显的间歇性、波动性，以及不确定性等特征。季节交替和温度等气候环境等变化都能在极大限度上决定其输出功率。如果光伏发电系统直接与电网并网运行，那么会对电网造成不同程度的冲击。但是将储能系统整合进光伏发电系统一方面可以有效改善光伏出力的不确定性和随机性，另一方面可以提高一体式充电站的运行效率。

结合光伏系统在典型日的出力曲线，以及一日内的配电网侧负荷分时电价分析可知，一般 10:00—15:00 处于电价的峰时段，该时段的光伏输出功率也处于较高水平；18:00—21:00 也处于电价的峰时段，但该时段的光伏输出功率逐渐减少，最终输出功率降至零。因此，光伏发电系统如果将所发电量直接接入电网，将在很大程度降低系统的运行效率与经济性，此时若加入储能系统，通过适时的充放电，能够有效实现其运行效益。

（4）构建充电站的储能充放电裕度计算公式。

充电状态下，蓄电池可将电能转化为化学能存储在电池中，放电状态下又可将化学能转化成电能释放出。一体式充电站配置一定容量的储能系统，可以作为光伏发电的保护措施，提高整个系统的响应速度。构建储能充放电裕度计算公式，分析管理储能剩余容量，实行峰谷分时电价的充电站运营。通过储能系统功率和容量管理，可以在电价低谷时段存储电能，在电价高峰时段放出电量，以提高充电站的运行效率。

（5）提出充电站的多能源最优化管理策略。

综合考虑经济效益和环境效益，在充电站光储容量配置中，一方面要尽可能使充电站经济效益最大化；另一方面要尽可能使用站内光伏清洁能源，发挥更大的社会环境效益。这是一个亟待解决的多目标优化问题。基于峰谷分时电价的充电站的多能源最优化管理策略，为研究光储容量优化配置奠定了基础。从站内充电设施净收益和站内光伏供给充电负荷占比两个角度研究光伏和储能的容量配置问题。

3. 数据模型的建立

1) 光伏发电预测模型

（1）长短期记忆网络优化模型。

利用长短期记忆网络法，建立一个有关光伏发电的数据优化模型，利用该模型中的各处理单元进行优化计算，对于隐藏单元有

$$a^{(t)} = \xi(a^{(t-1)}, x^{(t)}, \beta)$$

式中，$a^{(t)}$ 为隐藏单元在 t 时刻下光伏数据的实时状态；$a^{(t-1)}$ 为隐藏单元上一时刻下的实时状态；$x^{(t)}$ 为 t 时刻下的优化模型输出量；β 为干扰变量。

为更加清晰、明确地表述预测数据优化问题，利用矩阵乘法对 $a^{(t)}$ 进行描述：

$$a^{(t)} = (E^t)^T a^{(0)}$$

式中，E^t 为在 t 时刻下对光伏发电数据的优化权重；$a^{(0)}$ 为第一时刻下的优化特征向量。

当数据优化的时间间隔不断变大时，去除数据向量正向相交的部分，将剩余的分量进行多次迭代相乘，所得数值即为优化数值 $a^{(t)}$，具体计算公式为

$$a_i^{(t)} = \psi^{(t)} \left(b_i^n + \sum_j A_{i,j}^n x_j^{(t)} + \sum_j E_{i,j}^n a_i^{(t-1)} \right)$$

式中，$\psi^{(t)}$ 为优化模型中隐藏层的数据权重向量；b_i^n 为自循环优化计算偏置；$x_j^{(t)}$ 为在 t 时刻下第 j 个数值的输出量；$A_{i,j}^n$ 为数据 i 和 j 之间的权重差值；$E_{i,j}^n$ 为遗忘门的自循环数值；$a_i^{(t-1)}$ 为优化层次中上一层次的隐含向量。

将光伏发电数据代入上述公式，进行迭代计算，得出最终的优化数值 $a_{\text{sigmoid}}(x)$，具体计算公式为

$$a_{\text{sigmoid}}(x) = \frac{1}{1 + e^{-x}}$$

式中，$a_{\text{sigmoid}}(x)$ 为最终迭代优化数据；$1+e^{-x}$ 为迭代次数。长短期记忆网络优化模型如图 6-11 所示。

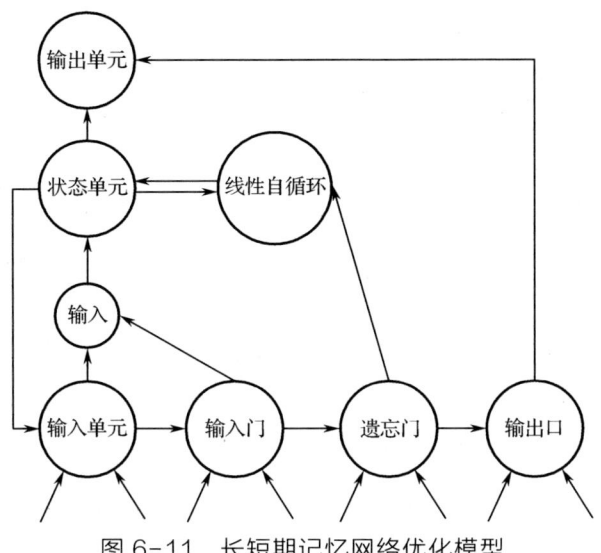

图 6-11 长短期记忆网络优化模型

(2) 短期光伏发电预测算法。

在长短期记忆网络优化模型的基础上,对发电功率等相关参数进行对应处理。因为历史气象和发电数据不是一种量纲化的数值,所以需要先进行数据归一化处理,使初始数据的变化范围控制在区间[0,1]上,以提高后续预测的准确性,具体表达公式为

$$y_k = \frac{x_k - x_{\min}}{x_{\max} - x_{\min}}$$

式中,x_k 为初始代入数据;$x_{\max}$ 为最大初始数据;$x_{\min}$ 为最小初始数据;y_k 为进行归一化处理后的原始数据。

根据上述过程建立一个含有局部记忆单元的长短期记忆网络优化模型。光伏发电预测数据的节点描述如表 6-16 所示。

表 6-16 预测数据的节点描述

输入预测数据变量	预测内容
$x_{k1} \sim x_{k5}$	预测日前 1 天到第 5 天数据的光伏强度
$x_{k6} \sim x_{k10}$	预测日前 6 天到第 10 天数据的光伏强度
$x_{k11} \sim x_{k20}$	预测日当下 10 天的光伏强度
$x_{k21} \sim x_{k25}$	预测日后 1 天到第 5 天数据的光伏强度
$x_{k26} \sim x_{k30}$	预测日后 6 天到第 10 天数据的光伏强度

将预测数据代入到长短期记忆网络优化模型中,不断迭代计算可得出最终的光伏发电预测数值。该模型的层次描述直观,算法实施过程简单、易计算,具有较高的实用性。

2)储能电池充放电模型

根据储能电池的调节方式,其充放电功率和电量随时间推移呈现出动态变化过程,在其变化过程中应满足如下关系。

储能电池充电状态:

$$E(t) = E(t-1)(1-\delta) + P_{ch}(t)\eta_{ch}\Delta T$$

储能电池放电状态:

$$E(t) = E(t-1)(1-\delta) - \frac{P_{dis}(t)}{\eta_{dis}}\Delta T$$

储能电池充放电功率约束:

$$0 \leq P_{ch}(t) \leq P_{ch,max}$$

$$0 \leq P_{dis}(t) \leq P_{dis,max}$$

式中,$E(t)$ 为储能电池在时段 t 的总能量;δ 为储能电池的自放电率;$P_{ch}(t)$、$P_{dis}(t)$ 分别为储能电池在 t 时段的充、放电功率;η_{ch}、η_{dis} 分别为储能电池的充、放电效率。

此外,为了延长储能电池的使用寿命,防止储能过程出现过充或者过放状态,需要对电池的荷电状态进行限制。SOC(Stage of Charge)是用来反映储能电池的当前状态,其数值上可表示为电池当前电量与电池额定容量的比值。SOC = 1 表示电池处于充满状态,SOC = 0 表示电池处于完全放空状态。在实际使用中,为了防止储能电池过放电,当某荷电状态降低至允许最小荷电状态 SOC_{min} 时,储能电池会停止放电;同样,为了防止电池过充电,规定电池荷电状态达到允许最大荷电状态 SOC_{max} 时,停止充电。

储能电池在任意时刻的荷电状态可表示为

$$SOC(t) = SOC_0 + \frac{1}{E_{ba}}\int_{t_0}^{t} P(t)dt$$

式中，SOC_0 为储能电池的起始状态；E_{ba} 为储能电池的额定容量；$P(t)$ 为 t 时刻储能电池的充放电功率。

为了尽可能延长储能电池的寿命，则需对其荷电状态作如下限制：

$$SOC_{min} \leqslant SOC(t) \leqslant SOC_{max}$$

式中，SOC_{min}、SOC_{max} 分别为储能电池的最小、最大荷电状态值。

3）电动汽车充电负荷预测模型

基于 XGBoost 和 LightGBM 算法构建电动汽车充电负荷预测模型。该方法运用 Stacking（堆叠泛化，一种集成学习技术）集成学习的策略：首先根据时间特征与历史负荷数据采用 XGBoost 与 LightGBM 算法构建负荷预测的基学习器，然后采用岭回归（Ridge Regression，RR）算法将基学习器的输出结果进行融合之后输出负荷预测值。

（1）算法原理介绍。

XGBoost 和 LightGBM 算法都是基于梯度提升决策树原理改进而来的。XGBoost 算法在对目标函数进行泰勒展开时，会将其展开至二阶而非一阶多项式，此外 XGBoost 算法还在子叶权重中加入了 L2 正则化，即平方正则化项，上述改进使 XGBoost 算法获得了更为优异的计算性能。而 LightGBM 算法基于直方图算法，以及按叶子生长策略对 GBDT 算法进行改进，还通过限制最大深度来防止模型过拟合，所以 LightGBM 算法模型可以在不降低预测精度的同时加快预测速度。

Stacking 将多个不同类型的学习算法进行集成，从而取得优于单一学习算法的计算性能。Stacking 集成模型一般采用两层式结构，第一层由 n 个基学习器构成，第二层由一个元学习器构成，Stacking 集成模型的学习方式如图 6-12 所示。首先，采用 K 折交叉验证法训练与测试模型第一层中的 n 个基学习器；其次，将第一层的预测结果组合成新的数据集，作为第二层元学习器的输入数据；最后，元学习器的预测结果即为最终的预测结果。元学习器通过学习基学习器的预测误差，从而达到提升预测精度的效果。

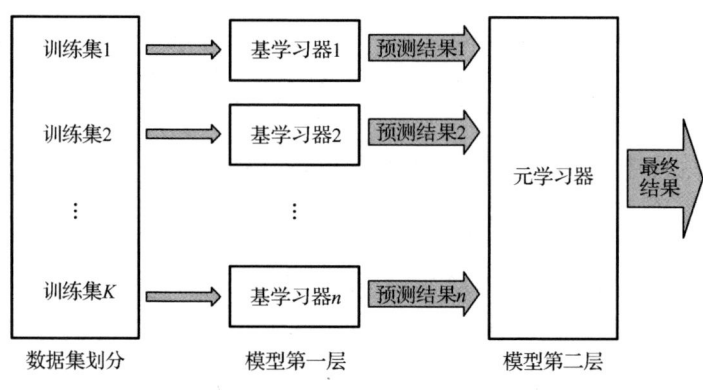

图 6-12 Stacking 集成模型的学习方式

（2）模型框架设计。

不同的学习算法具有各自的误差缺陷。XGBoost 算法在 GBDT 算法的基础上做了优化，但是效率降低，LightGBM 算法相比 XGBoost 算法在效率和准确率方面有了提升，但与 XGBoost 算法一样，都可能会长出比较深的决策树，容易过拟合，并对噪声比较敏感。Stacking 框架下的多模型融合方法可以弱化单一的基学习器的误差影响，通过对 XGBoost 算法和 LightGBM 算法进行融合，以达到提升预测准确度的效果。Stacking 集成模型设计为 2 层结构：模型第一层由 XGBoost 算法和 LightGBM 算法构成融合系统的基学习器层；模型第二层将第一层基学习器的输出作为输入。对于预测目标相同的模型，它们的输出结果可能存在多重共线性，所以模型第二层元学习器采用了岭回归算法。Stacking 集成模型的融合过程可以描述为以下 2 个步骤。

① 使用五折交叉验证来训练 XGBoost 和 LightGBM 基学习器，即训练集中的 4/5 用于训练，剩余的 1/5 用于验证，利用这两个基学习器生成训练集与测试集的 2 组预测值。

② 模型第一层基学习器输出的训练集的 2 组预测值用作模型第二层元学习器的训练集，而模型第一层基学习器输出的测试集的 2 组预测值用作模型第二层元学习器的测试集，作为预测集的最终预测结果。将融合 XGBoost 算法和 LightGBM 算法的 Stacking 集成模型用于充电桩负荷预测流程如图 6-13 所示。

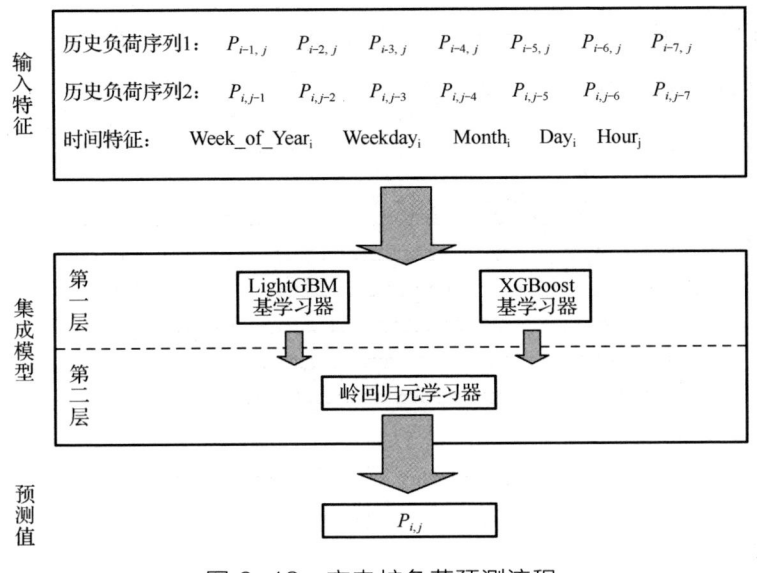

图 6-13 充电桩负荷预测流程

4）乡村负荷预测模型

构建一种基于深度自编码器（DAE）和长短期记忆网络（LSTM）的乡村居民负荷预测方法。通过将多个用户的数据整合在一起，提取用户的典型行为特征，融合用户特征向量和历史负荷数据，以融合数据为基础采用深度学习技术抽取历史负荷中的行为特征，预测乡村居民的用电情况。

（1）整体流程。

首先，需要搜集、清洗居民智能电表的数据。由于一天中不同时刻预测所需的历史曲线有位移，使各时刻对应的负荷曲线有很大差异，因此根据一天中的采集次数形成 q 个子数据集，每个子数据集中的 t 都对应一天中的某一特定时刻。子数据集的采样方法如图 6-14 所示，上方是原始负荷曲线，每个子数据集都按不同的预测时刻来被采样。例如，在子数据集 1 中，被预测时刻总是每日的第一个时刻，每个样本的区间为$[1, q]$。最后，再将每个子数据集都按时间顺序划分为训练集、验证集及测试集。

将训练集中用户 m 周的负荷曲线进行平均，获得典型负荷模式 P_m，再通过 DAE 对 P_m 进行特征提取，实现降噪和降维，保证特征的有效性。把 DAE 提取的特征向量 R_m 加入已有的所有子数据集，以标记对应用户的每条负荷曲线。通过合并用户 m 在 t 时刻的负荷 $X_m(t)$ 和 R_m 形成预测网络的输入 $Z_t = [X_m(t), R_m]$。最后，基于新的子数据集训练网络并预测每个用户的负荷。子数据集的采样方法流程如图 6-15 所示。

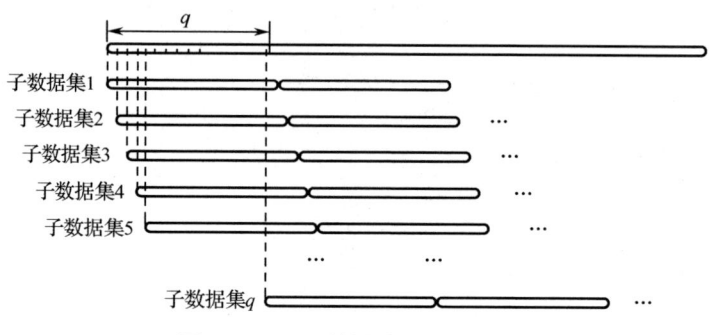

图 6-14　子数据集的采样方法

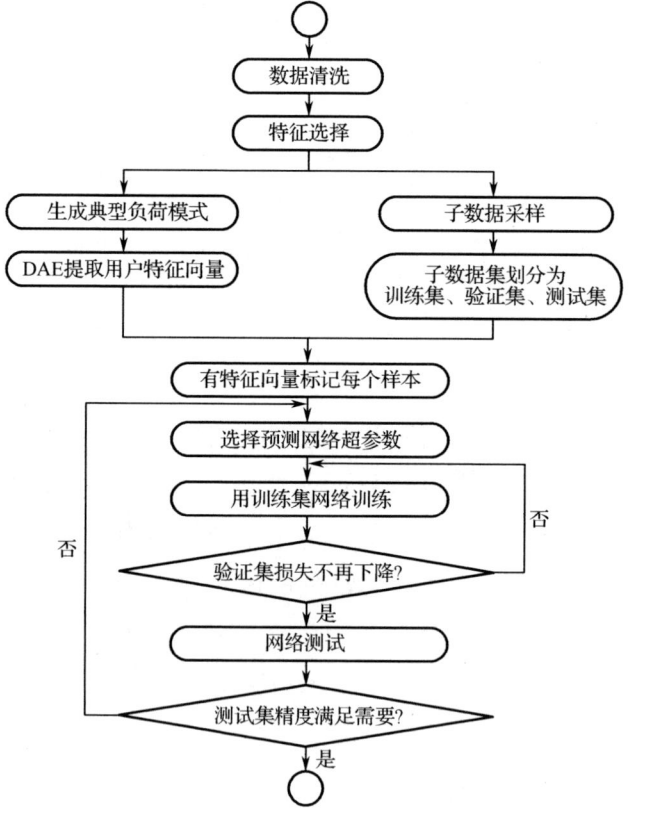

图 6-15　子数据集的采样方法流程

(2)基于 DAE 的用户特征提取。

利用用户行为特征提升预测的精度,使用用户的典型负荷特征来区分用户是最优选择,而深度网络具有提取复杂非线性特征的能力。因此,引入 DAE 来提取典型负荷模式 P_m 中的特征向量 R_m。DAE 由编码器和解码器组成,编码器学习如何将输入编码变为一个特征向量,而解码器尝试重构编码器的输入。深度自编码器示意如图 6-16 所示。

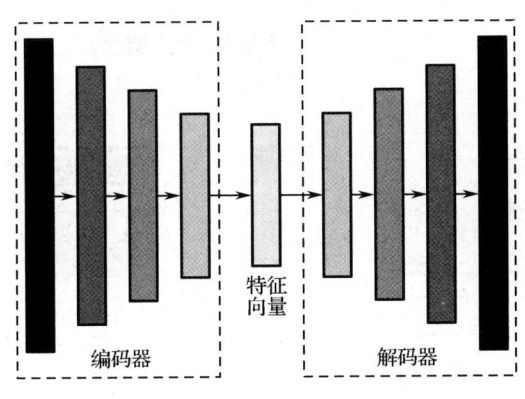

图 6-16 深度自编码器示意

DAE 中的每一层都是全连接结构,并且包含一个激活函数。编码器中,输出神经元逐层减少;而解码器相反,输出神经元逐层增加,直到重构出完整的输入。模型的训练目标是不断缩小输入向量和重构向量间的欧氏距离,使特征向量在有限的空间内保存尽量多的信息。最终,当模型收敛时,编码器的输出即是求得的特征向量 R_m。

(3)特征向量标记的 LSTM 预测网络。

在获取特征向量标记的新数据集后,$X_m(t)$ 和 R_m 被分别输入一个 LSTM 分支网络和一个全连接分支网络。LSTM 分支网络用来提取用户负荷曲线中的特征,并将学到的特征表示为一个向量。一般情况下,将 LSTM 中最后一次循环的输出隐状态 h_t 作为这个表示向量,因为 h_t 保留了输入序列中最关键的信息。而全连接分支网络学习特征向量 R_m 中的信息,并表示为向量 V^F。接着,拼接 h_t 和 V^F,再输入一个全连接网络以生成最后的预测。预测网络的网络结构如图 6-17 所示,图中左下部分是一个典型的 LSTM 网络的展开结构。

其中所显示的多个 LSTM 单元实际上是同一个单元在循环运算中的展开示意。将输入负荷序列中的元素按时间先后逐次输入 LSTM 单元，LSTM 可以学习序列中负荷变化的特征。LSTM 单元内的结构如图 6-18 所示。

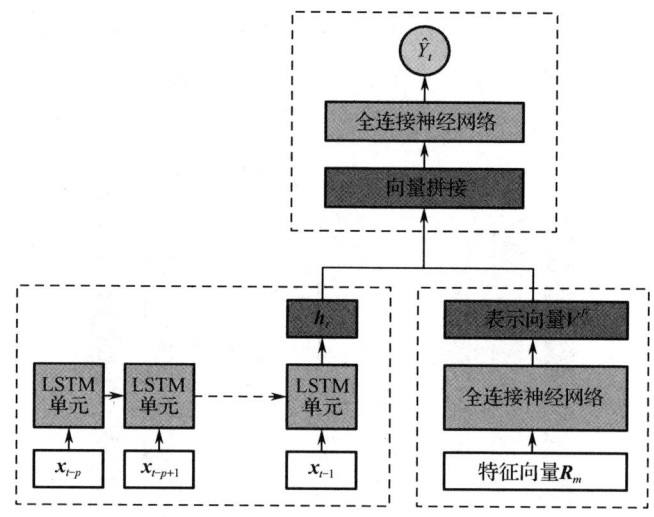

图 6-17 预测网络的网络结构

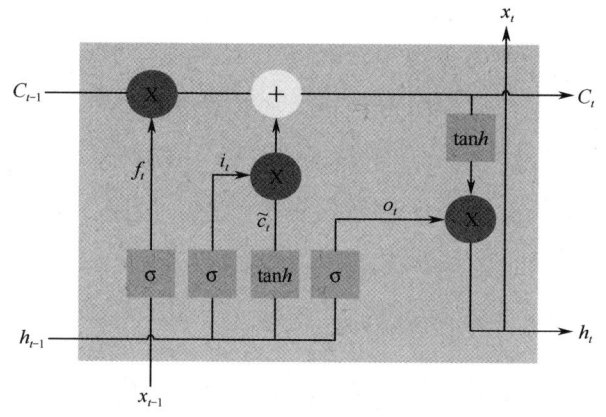

图 6-18 LSTM 单元的内部结构

图 6-17 右下的全连接分支网络实现了对特征向量 R_m 的学习，并在这个网络的最后输出表示向量 V^F。h_t 和 V^F 接下来被拼接成一个向量，再输入到一个全连接网络中，生成最终的预测。整体网络采用端到端的结构，梯度信息可以顺畅地从损失函数传递到两个分支中，一次性完成训练。

5）多能源联合保供模型

多能源联合保供模型优化的目标主要是实现在任何时间点满足 1 小时内充电站附近的乡村台区用电，并针对未来一段时间的能源保供需求，合理调配光储等资源，在满足乡村能源使用的同时，优先使用光伏等清洁能源。

$$E_{\text{left}}\eta - P_t^{\text{es}} \geq 0$$

式中，t 为时间序列，每小时为一个时间段；η 为放电效率；P_t^{es} 为储能系统 t 时刻的发电功率；E_{left} 为储能系统在 t 时刻的剩余可用容量。

$$\sum_{l=1}^{L} P_{l,t}^{\text{lg}} + P_t^{\text{es}} - P_t^{\text{ch}} = P_t^{\text{dispatch}}$$

式中，P_t^{dispatch} 为 t 时刻需要满足的乡村负荷，P_t^{ch} 表示储能系统 t 时刻的充电功率，$P_{l,t}^{\text{lg}}$ 表示第 l 台光伏机组 t 时刻的发电功率。

$$P_{l,\min}^{\text{th}} \leq P_{l,t}^{\text{th}} \leq P_{l,\max}^{\text{th}}$$

$$P_{l,t}^{\text{th}} - P_{l,t-1}^{\text{th}} \leq R_{l,u}^{\text{th}} \Delta T$$

式中，$P_{l,\min}^{\text{th}}$、$P_{l,\max}^{\text{th}}$ 为第 l 台光伏机组的下限出力、上限出力，$R_{l,u}^{\text{th}}$ 为第 l 台光伏机组出力的上升速率，ΔT 为时间间隔。

$$P_{\min}^{\text{es}} \leq P_t^{\text{es}} \leq P_{\max}^{\text{es}}$$

$$P_{\min}^{\text{ch}} \leq P_t^{\text{ch}} \leq P_{\max}^{\text{ch}}$$

式中，$P_{\min}^{\text{es}}$、$P_{\max}^{\text{es}}$、$P_{\min}^{\text{ch}}$、$P_{\max}^{\text{ch}}$ 分别为储能系统在荷电状态为放电和充电时功率的最小值、最大值。

提前用优化模型对未来一天的电量进行调配，所用的模型为非线性混合整数规划模型，这是因为对储能电站进行建模时，充电和放电状态变量为整数，以调整各能源的出力大小，输出一天内各时间段储能所需最低容量。

6）多能源管理优化策略模型

（1）站内多能源管理策略。

针对光伏发电特性、储能系统特性、分时电价与充电负荷等特点，为充分利用峰谷价差，制定多能源管理策略用以控制储能系统充放电。多能源管理策略可总体概述为：

① 在夜间电价低谷时段，充电站从电网购电供给储能系统和充电负荷需求；

② 在午间或者电价高峰时段，当 $P_{PV}(t)=P_l(t)$ [$P_{PV}(t)$ 为 t 时刻光伏发电输出功率，$P_l(t)$ 为 t 时刻的充电负荷]，光伏电量刚好可以满足充电站内的充电负荷需求，此时储能系统无充放电，充电站与电网之间无电量交换。当 $P_{PV}(t)>P_l(t)$，此时光伏发电量有剩余，在满足储能系统充电负荷需求，以及荷电状态允许的条件下，光伏发电富余电力优先对储能系统进行充电。如果功率仍有剩余，在满足相关约束的条件下，光伏发电富余电力将出售给电网。当 $P_{PV}(t)<P_l(t)$，此时光伏机组出力不足，在储能系统放电功率和荷电状态允许的条件下，优先利用储能系统放电供给站内充电负荷。如果储能系统放电功率无法满足充电负荷需求，则从电网购买电力以保证充电站内的功率平衡。

③ 在晚间电价高峰时段，此时无光伏机组出力，储能系统优先对充电负荷供电，直至储能电池的荷电状态下降至规定值时停止。

为方便计算，设 $P_{Ba}(t)$ 为 t 时刻的储能系统功率，$P_G(t)$ 为 t 时刻的充电站与电网能量交换功率，$P_{in}(t)$ 为电网向充电站供电功率，即充电站从电网购电功率，$P_{out}(t)$ 为充电站输出功率，即充电站向电网售电功率。$P_{Ba}(t) \leq 0$ 表示储能系统放电，$P_{Ba}(t) \geq 0$ 表示储能系统充电。当 $P_G(t) \geq 0$ 时，$P_{in}(t)=P_G(t)$；当 $P_G(t)<0$ 时，$P_{out}(t)=P_G(t)$。

（2）站内光储的容量最优化配置。

为了在站内光储容量配置阶段，缓解充电负荷对电网的影响，同时引导充电站尽可能多地消纳自身的光伏资源，从而带来更大的社会效益。因此，以充电站内光伏资源及充电负荷为基础，综合考虑经济、环境效益，对光伏系统和储能系统容量进行优化配置。在满足站内充电需求的情况下，设计优化目标如下：充电站一天净收益和光伏供给负荷占比两个指标的最大化。

① 充电站一天净收益最大。

基于前述多能源管理策略，为了使充电站更具经济性，建立以一天净收益最大为目标的容量配置模型，故目标函数为一天总收益减去一天成本。

$$\operatorname{argmax} f = \sum_{t=0}^{24}(P_1(t)C_1) + \sum_{t=0}^{24}(P_{\text{out}}(t)C_{\text{C2Gsale}}) + I_{\text{consub}} + I_{\text{PVsale}} - C_{\text{int}} - \sum_{t=0}^{24}(P_{\text{PV}}(t)C_t^{\text{O}}) - \sum_{t=0}^{24}(|P_{\text{Ba}}(t)|C_t^m) - C_{\text{rep}} - C_{\text{orep}} - \sum_{t=0}^{24}(P_{\text{in}}(t)C_t^{\text{buy}})$$

式中，C_1 为每度电充电费用；C_{C2Gsale} 为每度电光伏发电余量上网售电收益；I_{consub} 为国家对充电设施建设每天的平均补贴收益；I_{PVsale} 为光伏发电补贴每天的平均收益；C_{int} 为充电站初始每天投资成本（$\dfrac{\text{总投资成本}}{\text{计划使用年限} \times \text{每年平均天数}}$）；$C_t^{\text{O}}$ 为每度电充电站内光伏发电成本；C_t^m 为每度电充电站内储能充放能成本；C_{rep} 为储能设备每天更换成本（$\dfrac{\text{储能设备定期更换成本}}{\text{计划使用年限} \times \text{每年平均天数}}$）；$C_{\text{orep}}$ 为光伏设备每天更换成本（$\dfrac{\text{光伏设备定期更换成本}}{\text{计划使用年限} \times \text{每年平均天数}}$）；$C_t^{\text{buy}}$ 为每度电充电站从电网购电的成本。

② 充电站内光伏供给负荷占比。

充电站内光伏发电供给站内充电负荷所占比例越高，充电站对电网的影响和依赖就越小，此外，若从电网所购电能全部或者大部分为火电则其带来的环境效益越明显。故社会环境效益的目标函数选为充电站内光伏供给负荷占比，表示如下：

$$\max R = \max\left(1 - \dfrac{\sum_{t=0}^{24}P_{\text{G2C}}(t)}{\sum_{t=0}^{24}P_1(t)}\right)$$

式中，$P_{\text{G2C}}(t)$ 为 t 时刻的电网输入功率。

综上所述，建立的光储充一体式充电站内光储容量优化配置的数据模型如下所示：

$$\begin{cases} \arg\max f = \sum_{t=0}^{24}(P_1(t)C_1) + \sum_{t=0}^{24}(P_{out}(t)C_{C2Gsale}) + I_{consub} + I_{PVsale} - C_{int} - \\ \qquad\qquad \sum_{t=0}^{24}(P_{PV}(t)C_t^O) - \sum_{t=0}^{24}(|P_{Ba}(t)|C_t^m) - C_{rep} - C_{orop} - \sum_{t=0}^{24}(P_{in}(t)C_t^{buy}) \\ \max R = \max\left(1 - \dfrac{\sum_{t=0}^{24}P_{G2C}(t)}{\sum_{t=0}^{24}P_1(t)}\right) \end{cases}$$

6.3.4 应用成效

乡村光储充一体式充电站运行使用效率提升方案与以充电站为枢纽的多能协调强化乡村能源保供方案，不仅为新能源汽车下乡打下良好的充电设施基础，也为乡村地区提供了清洁、高效、可持续的电力服务，相关成果的应用将带来社会效益、环境效益、经济效益等。

1. 社会效益

增强农村电网支撑能力：分布式光伏、储能系统的协调使用，降低了电动汽车充电负荷以及分布式能源接入对电网造成的冲击，减小了电网运行稳定性和供应电能质量下降的可能性。

增强农村用电保障能力：一体式充电站储能系统可以在电力断供或紧急情况下，合理分配分布式光伏与储能电能，能够确保充电站附近的乡村台区至少 1 小时的正常电力供应，为电力修复提供了抢修时间，增加了电力的可用性和可靠性，减少了电力中断对日常生活的干扰。特别是在偏远乡村地区，提高了乡村生产生活的安全性和韧性。

提升清洁能源使用率：提升了乡村地区通过清洁能源实现自给自足的能力，提高了清洁能源系统如太阳能光伏能源的使用效率。

2. 环境效益

清洁能源生产增加：光储充一体式充电站通过整合太阳能光伏和存储能

系统，提高了清洁能源的生产和利用，减少了乡村充电站对外部电网系统的依赖，从而减少了温室气体排放和空气污染，有助于改善环境质量。

减少清洁能源浪费：运用多能源协调方案，能够更智能地管理和分配能源，确保能源在不同用途之间的高效利用。这有助于降低能源浪费，减轻对自然资源的压力，减少能源产生的生态足迹。

3．经济效益

电力成本节约：光储充一体式充电站通过整合太阳能光伏和储能系统，能够在低电价时充电，在高电价时释放电力，以帮助乡村充电站降低运维成本，为乡村地区居民和企业提供优质的电动汽车充电服务。

能源成本降低：光储充一体式充电站将太阳能发电和能量存储技术与电动车充电站相结合，有效降低了能源成本，能为充电站降低3%的电费支出。通过在本地产生和存储能源，减少了长距离输电线路所带来的能源损耗。

减少电网运行成本：多能源协调方案通过储能系统平滑电力需求峰谷，降低了电网升级的需求，减轻了电力公司的运营成本，也为电力公司创造了经济效益。

6.4 基于K-Means聚类算法的台区指纹健康评估

6.4.1 问题的提出与分析

随着国家能源高效开发和利用战略决策转型，电力必然成为未来国民经济发展的能源基础，低压台区作为供电"最后一千米"，它的健康与否直接影响着用户用电质量和满意度。根据世界各国电网经验及配电网健康指数研究趋势，健康指数应用于配电网资产管理是未来技术发展的必然。打造健康台区能提高供电质量、减少损耗、减少投诉，是供电企业实现科学管理、节能降耗的核心，台区管理水平的高低集中体现了供电企业的综合管理能力。加强台区健康管理，既是供电企业履行社会责任，也是通过内部挖掘，提高企业效益的有效途径。对基层供电所，台区管理是一项重点工作，也是一项综合性的工作，需要跨部门、多专业的协作。日常工作涉及营销、运维两个专业，涵盖用电采集系统、营销系统、GIS 系统、营配贯通系统等。其中的管理核心必然是数据的获取和处理数据的算法。例如，判断台区重过载的算法，利用加权秩和比法评估电能质量，利用模糊聚类识别中断负荷，利用聚类分析对负荷节点进行分区，利用电力大数据区分台区重复停电、判断台区合理线损、并行负荷预测、短期负荷预测等方法。在电力大数据的时代，可以利用大数据新武器，完成很多旧有技术无法很好完成的数据分析和预测。因而在大数据的条件下，将设备健康指数应用到配电网，有实现的可能。

6.4.2 研究方案

基于营销系统、用电采集系统、PMS 系统、GIS 系统、一体化电量系统等多个系统运行指标的台区健康指数分析，实现台区异常和健康智能化管理，结合可视化展示，提升台区治理能力和效率。

基于数据挖掘的台区指纹分析和基于运行指标的台区健康指数分析，以台区健康评估体系为支撑自动生成"一台区一方案"的台区指纹画像，在实现台区线损全面、实时、科学、源头管控的同时，大大减轻基层供电人员工作量，将大幅提高台区异常处理的速度和质量。

依托浙电云平台强大的数据获取和处理能力，结合半监督型分类算法、离群点检测算法等数学模型，建立台区指纹指标体系，构建台区健康评估模型，有针对性地对不同类型台区制定不同的管理计划和方案，加快台区治理的速度和提高台区问题排查的准确性。具体研究主要包含以下 2 个方面。

1．基于运行指标的台区健康指数分析

从采集、费控、线损、设备健康、运行状况 5 个一级指标，采集成功率、线损率、线损率波动等 14 个二级指标对台区健康进行评估，实现台区健康指数的分析，基于运行指标的台区健康指数分析框架如图 6-19 所示。

第6章 | 电力数据共享与应用案例

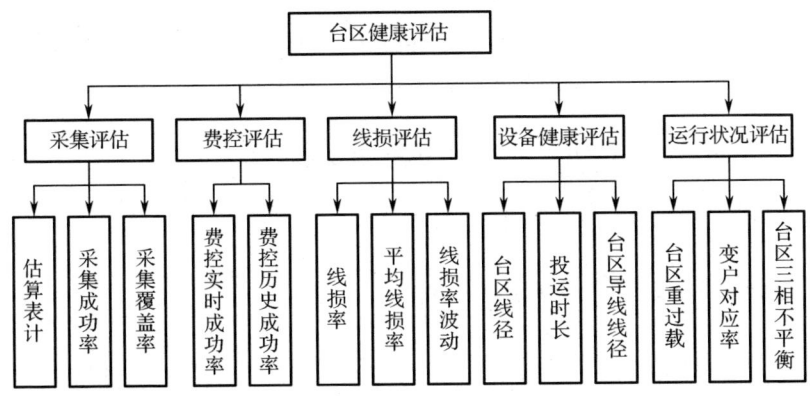

图6-19 基于运行指标的台区健康指数分析框架

台区运行指标以如下判定条件赋分。

(1) 若采集覆盖率为100%，计权重分5分，否则计0分。

(2) 若采集成功率为100%，计权重分5分，否则计0分。

(3) 若估算表计为0，计权重分5分，否则计0分。

(4) 若变户对应率为100%，计权重分5分，否则计0分。

(5) 台区三相不平衡判定：若 $\frac{三相电流最大值-三相电流最小值}{三相电流最大值}<15\%$，计5分；结果每上升五个百分点，减1分，减完为止。

(6) 台区重过载判定：若 $20\%<\frac{最高负荷}{公变容量}<100\%$，计10分；若 $\frac{最高负荷}{公变容量}<20\%$，计5分；若 $\frac{最高负荷}{公变容量}>80\%$，计5分；若 $\frac{最高负荷}{公变容量}>100\%$，计0分。

(7) 台区导线线径判定：若三相电流最大值小于导线线径对应的经济载流量，计10分；若三相电流最大值大于导线线径对应的经济载流量，则每超过5%，减2分，减完为止。

(8) 台区线径判定：若城市主线长度<300m，计5分；若农村主线长度<500m，计5分；主线长度每超过50m减4分。

(9) 投运时长判定：若（当前日期－投运日期）<12个月，计满分；投运时长每超过2年减2分。

（10）平均线损率判定：平均线损率<0，计 0 分；0≤平均线损率≤4%，计 20 分；平均线损率>4%时，每增加 1 个百分点，减 4 分。

（11）线损率波动判定：线损率波动<0.2%，计 5 分；线损率波动每提高 0.05 个百分点，减 1 分。

2．基于数据挖掘的台区指纹分析

对台区指纹分析的基础表数据开展算法分析，通过算法计算出反映台区线损特征的三个属性：平均线损率、线损率波动系数、线损率变化趋势。

（1）平均线损率：目标台区的历史线损率均值。

$$\overline{X}_i = \sum_{j=1}^{n_i} X_j^{(i)}$$

式中，$\overline{X}_i$ 为编号 i 的线损对象的线损平均值；$X_j^{(i)}$ 为编号 i 的线损对象的第 j 个的线损率。

（2）线损率波动系数：反映线损率的离散程度，描述台区线损波动幅度，它可以消除平均数对线损对象波动程度比较的影响。

$$CV_i = \frac{\sigma_i}{\overline{X}_i}$$

$$\sigma_i = \sqrt{\frac{\sum_{j=1}^{n_i}(X_j^{(i)} - \overline{X}_i)^2}{n_i - 1}}$$

式中，CV_i 为编号 i 的线损对象的线损率波动系数，σ_i 为编号 i 的线损对象的标准差。

（3）线损率变化趋势：反映台区的线损变化趋势。

$$VT_i = \frac{u_2^{(i)} - u_1^{(i)}}{u_1^{(i)}}$$

式中，VT_i 为编号 i 的线损对象的线损率变化趋势；$u_1^{(i)}$ 为编号 i 的线损对象前半段时间内的线损率平均值；$u_2^{(i)}$ 为编号 i 的线损对象后半段时间内的线损率平均值。

基于 K-Means 聚类算法对特征属性开展聚类分析，根据落石图确定类别数，选择参数距离函数进行分群，通过线损特征分析，找出需要治理的台区。

数据展示方式为对台区指纹分析成果，以供电所、供电公司、地市供电公司、省供电公司的层级维度，进行线损率平均值三色图、线损率波动系数折线图、线损率变化趋势图和台区分类结果表的可视化展示。

（1）线损率平均值三色图：建立线损率区间，如 0%～4%作为绿色区域，表示台区线损率良好；4%～6%作为黄色区域，表示台区线损率较高，需要关注（预警状态）；6%以上作为红色区域，表示台区线损率高，需要整改。

（2）线损率波动系数折线图：用于反映出台区线损波动情况，0.5 以下表示该台区线损率波动较小，台区各项指标性能良好；0.5 以上表示该台区线损率波动大，存在负荷波动大、线路老化、线径过小等问题。

（3）线损率变化趋势图：反映某个时间节点之后，台区的线损率变化情况。

（4）台区分类结果表：总结并显示各类别的特征，可筛选目标分类展示同类台区清单。

6.4.3　应用成效

基于台区指纹健康评估体系，某地市公司试点应用"台区指纹健康评估"看板，自上线试运行以来，该地市公司对全市 3278 个台区的健康水平进行综合分析，挖掘出 276 个亚健康台区、58 个亟须治理台区。针对亚健康台区，建立"供服+站所"全天候实时监测体系进行重点关注。针对亟须治理的台区，完成整改 48 个，落实措施 8 个，加速整改 2 个，"台区看板"指导台区问题治理取得实效。应用落地使用后，台区健康评估指标总体提升 1.8 分，班组整体效率提升 18.52%。

参考文献

[1] 梅玉坤，彭军霞，高智伟."双碳"背景下的数字能效发展研究[J]. 能源与节能，2023(4): 64-66.

[2] 赵爽，王志敏，段平生，等. 新型电力系统背景下云南电网"十四五"及中长期电力保供面临的形势及解决措施探讨[J]. 云南电力技术，2023, 51(2): 15-18.

[3] 王臻，刘东，徐重酉，等. 新型电力系统多源异构数据融合技术研究现状及展望[J]. 中国电力，2023, 56(4): 1-15.

[4] 印欣，张锋，阿地利·巴拉提，等. 新型电力系统背景下电热负荷参与实时调度研究[J]. 发电技术，2023, 44(1): 115-124.

[5] 姚艳丽. 数字化转型赋能构建新型电力系统[J]. 数字通信世界，2023(2): 164-166.

[6] 葛磊蛟，崔庆雪，李明玮，等. 面向低碳经济运行的新型电力系统态势感知技术综述[J]. 综合智慧能源，2023, 45(1): 1-13.

[7] 叶健鹏. 大规模储能技术在新型电力系统的应用场景[J]. 自动化应用，2023, 64(1): 43-45.

[8] 张波. 新能源在新型电力系统中的实践与应用[J]. 新能源科技，2022(12): 24-26.

[9] 潘挺. 数字化技术在以新能源为主体的新型电力系统中的运用[J]. 电子元器件与信息技术，2022, 6(11): 10-13.

[10] 蒙均俊. 基于数字技术赋能支撑的新型电力系统构建[J]. 应用能源技术，2022(10): 31-35.

[11] GIBSON C F, NOLAN R L. Managing the four stages of EDP growth[J]. Harvard Business Review, 1974, 52(1): 76-88.

[12] NOLAN R L, CROSON DC, SEGER K N. The stages theory: A framework for IT adoption and organizational learning[M]. Boston: Harvard Business School Publishing, 1993.

[13] SYNNOTT WILLIAM R. The information weapon: Winning customers and market with technology[M]. New York:Wiley, 1987.

[14] MISCHE MICHAEL A. Reengineering: System integration success[R]. John Wyzalek, 1999.

[15] HANNA N. 信息战略与信息技术扩散[M]. 董小英, 译. 北京：中国对外翻译出版公司，2000.

[16] 乌家培，谢康，王明明. 信息经济学[M]. 北京：高等教育出版社，2002.

[17] PAULK M C. Capability maturity model for software version 1.0[R]. Pittsburgh: Software Engineering Institute, Carnegie Melon University, 1988.

[18] DUTTA S, MAZONI J F. 过程再造、组织变革与绩效改进[M]. 焦叔斌, 译. 北京：中国人民大学出版社，2001.

[19] LUFTMAN J. Assessing business-IT alignment maturity[J]. Communications of the AIS, 2000(12): 1-49.

[20] 左美云，王鎏，胡锐先. 基于专家调查的组织信息化成熟度模型研究[J]. 管理学报，2005(4): 410-416.

[21] 邱长波，张佳，施梦. 企业信息化成熟度阶段分类模型[J]. 吉林大学学报（工学版），2007(4): 976-980.

[22] 马慧，杨一平. 企业信息化能力成熟度关键模型研究[J]. 经济与管理研究，2010(1): 73-78.

[23] 陈慧，王娟. 企业信息化成熟度三维评价模型研究[J]. 北京邮电大学学报（社会科学版），2015, 17(2): 81-87.

[24] 孙昌庆, 廖瑞华. 企业信息化成熟度判定[J]. 企业管理, 2016(4): 107-108.

[25] 穆洪英, 陈童, 牟娜, 等. 基于数字化驱动的电网资产管理[C]//中国电力企业管理创新实践（2021年）. 北京: 新华出版社, 2023:3.

[26] 张冀新. 城市群现代产业体系的评价体系构建及指数测算[J]. 工业技术经济, 2012, 31(9): 133-138.

[27] 池里荷. 基于电力大数据的福州市纺织产业发展评价研究[J]. 海峡科学, 2022(12): 37-40.

[28] FRICKÉ M H. Data-information-knowledge-wisdom (DIKW) pyramid, framework, continuum[M]. Cham: Springer, 2022: 364-367.

[29] 叶兰. 数据管理能力成熟度模型比较研究与启示[J]. 图书情报工作, 2020, 64(13): 51-57.

[30] 万方, 周西平. 基于DCMM的我国警务数据管理能力成熟度评估[J]. 云南警官学院学报, 2021(1): 90-96.

[31] MILLER H G, MORK P. From data to decisions: A value chain for big data[J]. IT Professional, 2013, 15(1): 57-59.

[32] 闫希敏, 张琳琳. 电信和互联网行业数据共享安全管理初探[J]. 信息通信技术与政策, 2023, 49(5): 73-79.

[33] 顾杨青, 何平, 兴胜利. 以数据管理赋能供电企业数字化转型[J]. 中国电力企业管理, 2022(13): 88-89.

[34] 杨波, 魏军, 苏蕊. 电力数据的安全管理[J]. 中国高新科技, 2020(24): 104-105.

[35] 朱波. 供电企业电力数据管理与应用研究——以珠海供电局为例[J]. 中国电力企业管理, 2022(17): 46-48.

[36] 赵强, 高振峰, 于卓智, 等. 电力运营基础资源数据信息采集及挖掘技术研究[J]. 江西科学, 2021, 39(6): 1088-1093.

[37] 张文彬，陈文，张立彬. 网络大数据系统运营体系研究[J]. 现代信息科技，2021, 5(22): 71-78.

[38] 匡红刚，王涛，唐融，等. 数据质量闭环管控框架数据估值的应用研究[J]. 华东电力，2013, 41(3): 546-549.

[39] 刘洪涛，李育才. 电能质量在线监测系统应用分析[J]. 吉林电力，2011, 39(4): 9-11.

反侵权盗版声明

电子工业出版社依法对本作品享有专有出版权。任何未经权利人书面许可,复制、销售或通过信息网络传播本作品的行为,歪曲、篡改、剽窃本作品的行为,均违反《中华人民共和国著作权法》,其行为人应承担相应的民事责任和行政责任,构成犯罪的,将被依法追究刑事责任。

为了维护市场秩序,保护权利人的合法权益,我社将依法查处和打击侵权盗版的单位和个人。欢迎社会各界人士积极举报侵权盗版行为,本社将奖励举报有功人员,并保证举报人的信息不被泄露。

举报电话:(010)88254396;(010)88258888
传　　真:(010)88254397
E-mail：dbqq@phei.com.cn
通信地址:北京市海淀区万寿路173信箱
　　　　　电子工业出版社总编办公室
邮　　编:100036